SPEZIELLE RELATIVITÄTSTHEORIE

GRUNDRISS

Vertiefungen

Anhang

1. HERKUNFT UND BEDEUTUNG DER SPEZIELLEN RELATIVITÄTSTHEORIE

Das Jahr 1905 wird allgemein als Einsteins Annus Mirabilis bezeichnet. In diesem Jahr veröffentlichte der damals gerade 26 Jahre alte Albert Einstein (1879–1955) – zu dieser Zeit Patentamtsangestellter in Bern und in den wissenschaftlichen Kreisen ein noch weitgehend unbeschriebenes Blatt – fünf Arbeiten, von denen jede Physikgeschichte schrieb. In der ersten Arbeit entwickelte er seine so genannte Lichtquantenhypothese und erklärte damit den Photoelektrischen Effekt, was ihm 1922 den Nobelpreis (für das Jahr 1921) einbrachte. Einzig diese Arbeit bezeichnete Einstein selbst einmal als »sehr revolutionär«. Die zweite war seine Dissertation, in der er eine mathematische Beziehung zwischen der wahren Größe von Molekülen einer gelösten Substanz und der Viskosität der Lösung ableitete. Durch die zahlreichen Anwendungen, die diese Beziehungen in der Petrochemie besitzt, war diese Arbeit Einsteins bis in die 8oer Jahre des letzten Jahrhunderts nachweislich seine meistzitierte und ist es möglicherweise immer noch. Die dritte Arbeit handelt von der statistischen Theorie der Wärme, die Einstein benutzte, um die damals phänomenologisch längst bekannte, aber theoretisch unverstandene so genannte Brown'sche Bewegung als statistische Schwankungserscheinung zu erklären. (Unter »Brownscher Bewegung« versteht man allgemein eine irreguläre Zitterbewegung von sehr kleinen – jedoch mit dem Mikroskop noch beobachtbaren – in Flüssigkeiten suspendierten Teilchen.) Damit war eine direkt beobachtbare Konsequenz der aufgrund ihres fundamental atomistischen Ansatzes damals noch umstrittenen statistischen Wärmetheorie gewonnen, die ihr letztendlich zum Durchbruch verhalf. Die vierte Arbeit trägt den Titel *Zur Elektrodynamik bewegter Körper* und beinhaltet im Wesentlichen das, was wir heute die Spezielle Relativitätstheorie nennen und im Folgenden mit »SRT« abkürzen werden. Die fünfte Arbeit ist der vierten direkt zugeordnet und enthält als Nachtrag auf drei Druckseiten die Ableitung der mittlerweile wohl berühmtesten Gleichung der Physik: $E = mc^2$.

Die SRT ist eine *Rahmentheorie* und keine Theorie eines wohlumrissenen Phänomenbereichs, obwohl sie aus einer solchen hervorgegangen ist, wie bereits der Titel der Originalarbeit feststellt. Die Elektrodynamik bewegter Körper bzw. Medien war eines der großen Themen sowohl der theoretischen als auch der experimentellen Physik des ausgehenden 19. und beginnenden 20. Jahrhunderts, die sich zunehmend in Widersprüche verwickelte, bis schließlich Einstein mit seiner Arbeit den Gordischen Knoten auf überraschende Weise zerschlug: nicht durch eine raffinierte Verbesserung desjenigen Theorieteils, der den direkten Anschluss an die zur Erklärung stehenden Phänomene hält, sondern durch eine grundsätzliche Hinterfragung unerschütterlich geglaubter Begriffe betreffend raumzeitliche Feststellungen wie die eines »räumlichen Abstands«, einer »zeitlichen Dauer« oder einer »Gleichzeitigkeit«.

Da sich aber *alle* physikalischen Prozesse in Raum und Zeit abspielen, betrifft die damit eingeläutete Revision raum-zeitlicher Begriffe auch die gesamte Physik. Obwohl also die SRT ihre Entstehung spezifischen Fragestellungen der Elektrodynamik verdankt, ist sie logisch nicht an diese gebunden. Mit Ausnahme der Gravitation, die durch die Allgemeine Relativitätstheorie beschrieben wird, werden alle weiteren fundamentalen Wechselwirkungen – der Elektromagnetismus, die Kernkraft oder starke Wechselwirkung und die schwache Wechselwirkung – heute durch Theorien beschrieben, die den Axiomen der SRT genügen. Insbesondere trifft dies für das Standardmodell der Elementarteilchen zu, in dem die letzten drei der genannten Wechselwirkungen theoretisch zusammengefasst sind. Die moderne Hochenergie- und Teilchenphysik ist ohne die SRT nicht denkbar.

Aber nicht nur in der der Alltagserfahrung eher fern stehenden Welt der Elementarteilchen ist die SRT von grundlegender Bedeutung. So basieren zum Beispiel moderne Technologien der Navigation und Geodäsie ganz wesentlich auf Prinzipien der SRT, insbesondere der *Universalität der Lichtgeschwindigkeit*. Damit meint man, dass die Lichtgeschwindigkeit, die ein Beobachter misst, sowohl unabhängig vom Bewegungszustand des Beobachters als auch vom Bewegungszustand der Licht aussendenden Quelle ist.

Es ist nicht zu bestreiten, dass gewisse Ergebnisse der SRT für das am Alltagsgeschehen sich intuitiv herausgebildete Verständnis raumzeitlicher Relationen durchaus paradoxe Züge tragen können, wobei hier ausdrücklich die Unterscheidung von »paradox«, also »der (hergebrachten) Meinung entgegen«, zu »widersprüchlich« im logischen Sinne gemacht wird. Logische Widersprüche treten in der SRT nicht auf. Physikalisch hat diese Situation ihren Ursprung in der Größe der Lichtgeschwindigkeit, deren genauer Wert in Einheiten von Kilometer (km) pro Sekunde (s) gegeben ist durch:

$$c = 299\,792{,}458 \ \frac{km}{s} \, . \tag{1}$$

Diese enorme Geschwindigkeit ist bei Weitem größer als alle Geschwindigkeiten, die uns im Alltag anhand materieller Objekte begegnen. Es ist deshalb nur allzu natürlich, dass unser Alltagsverstand von einer instantanen Lichtausbreitung ausgeht. Wie wir jedoch sehen werden, erzwingt die Endlichkeit der Lichtgeschwindigkeit und ihr Charakter als Grenzgeschwindigkeit aller Signalgeschwindigkeiten eine Revision der raum-zeitlichen Alltagsbegriffe, insbesondere dem der Gleichzeitigkeit räumlich distanter Ereignisse. Bis heute haben sich die von der SRT gelieferten Konzepte von Raum und Zeit überall dort vollständig bewährt, wo von einer wesentlichen Einflussnahme der Gravitation abgesehen werden kann. In diesem Bereich testen moderne Präzisionsexperimente immer wieder ihre Voraussagen und fanden bis heute keinerlei Anzeichen einer Abweichung.

2. HISTORISCHE ENTWICKLUNG

2.1 Das dualistische Materiekonzept des 19. Jahrhunderts

Im Jahre 1687 erschienen in London die »Mathematischen Prinzipien der Naturphilosophie«, bis heute kurz *die Principia* genannt, des englischen Physikers und Mathematikers Isaac Newton (1643–1727). In diesem Epoche machenden Werk, das die mathematisch-physikalische Disziplin der Mechanik bis heute wie kein zweites prägt, legte Newton in mathematischer Sprache eine physikalische Theorie dar, die es erlaubt, die Bewegung von Himmelskörpern mit den gleichen Begriffen zu beschreiben wie irdische Bewegungsvorgänge. Allgemein redet Newton von »Körpern«, die man sich aufgebaut denken soll aus kleinsten, unendlich harten, ewig beständigen und unveränderlichen Teilen, die selbst aber nicht weiter beschrieben werden. Mit Hilfe dieses Konzepts idealer Punktteilchen (bis heute ist in der Physik das Konzept des »Newton'schen Punktteilchens« geläufig) gelingt es Newton, die Bewegung komplizierter zusammenhängender Konfigurationen solcher Teilchen auf die Bewegungsgesetze dieser Teilchen zurückzuführen, sofern einfache Annahmen über die zwischen den Punktteilchen wirkenden Kräfte gemacht werden. Wenn man sich fragt, auf welche materiellen Entitäten die Newton'sche Mechanik prinzipiell angewendet werden kann, so lautet die Antwort, dass dafür alles in Frage kommt, was man sich aus diesen Punktteilchen aufgebaut denken kann. Stellte man sich auf den Standpunkt eines (naiven) materiellen Atomismus, so käme man schließlich sogar zu der Vermutung, dass sich letztlich *alle* physikalischen Vorgänge auf einfache mechanische Grundgesetze zurückführen lassen würden.

Wirklich alle? Schon Newton waren die optischen Erscheinungen wohl vertraut. Über die Natur des Lichtes und die Gesetze seiner

Ausbreitung hat auch er spekuliert (in seiner »Optick« aus dem Jahre 1704), ohne jedoch dafür ein Lehrgebäude, vergleichbar der Mechanik, gründen zu können. Tatsächlich nahm Newton an, dass auch Licht aus kleinsten Teilchen bestünde, die durch Kräfte, wie die Gravitationskraft, Einwirkungen erfahren können. Diese Teilchenvorstellung des Lichtes verschwand aber vollends zugunsten einer konkurrierenden Vorstellung von Licht als Welle, als zu Beginn des 19. Jahrhunderts Thomas Young (1773–1829) experimentell die Interferenzfähigkeit von Licht nachwies, die der Teilchenvorstellung krass widerspricht. Doch wenn Licht eine Welle ist, also ein sich ausbreitender periodischer Schwingungsvorgang, so liegt die Frage nahe, *was* da schwingt. Analog der Wasserwelle auf der Oberfläche eines ruhigen Sees, in der die Wasserteilchen mit vertikaler Amplitude im Raum schwingen, müsste auch Licht den Schwingungen eines gewissen hypothetischen Mediums entsprechen, das man den »Äther« nannte. Nur müsste dieser Äther auch in alles eindringen können, in dem Licht sich fortpflanzt, z. B. in Glas, das immerhin eine nicht unerhebliche Dichtigkeit aufweist. Weiterhin war schon lange durch die Messungen des dänischen Astronomen Olaus Rømer (1644–1710) aus den Jahren 1672–76 bekannt, dass die Lichtgeschwindigkeit einen extrem hohen Wert besitzt, den Rømer damals mit 220 000 Kilometer pro Sekunde angab, was immer noch etwa 3/4 des heute exakt bekannten Wertes ist, der bereits in (1) angegeben wurde und ziemlich nahe bei 300 000 Kilometern pro Sekunde liegt. Aus der extremen Höhe dieses Wertes wird aber sofort klar, dass die Analogie der Lichtwelle zu elastischen Verformungswellen eines herkömmlichen Materials sicherlich nicht allzu wörtlich genommen werden darf. Denn die Ausbreitungsgeschwindigkeit von Verformungswellen wächst nach einem einfachen Gesetz mit der Festigkeit des Materials. Nach diesem müsste der Äther eine geradezu phantastische Festigkeit aufweisen, um Verformungswellen mit Geschwindigkeiten nahe der Lichtgeschwindigkeit zuzulassen. Gleichzeitig soll der Äther aber leicht in Materialien eindringen können, wie bereits festgestellt, um auch dort die Fortpflanzung von Licht zu ermöglichen. Offensichtlich passen diese beiden Eigenschaften nicht recht zusammen.

Trotz dieser scheinbar unvereinbaren Eigenschaften hielt man aber an dem Konzept eines Äthers fest – ohne ihn freilich physikalisch zu verstehen –, denn ohne ihn erschien nicht nur die Wellentheorie des Lichtes ohne physikalische Basis, auch die Übertragung von Kraftwirkungen über mitunter große räumliche Distanzen schien nicht verständlich, wenn nicht ein vermittelndes Medium angenommen wurde, das den Kraftübertrag physikalisch bewerkstelligte. Ganz analog verhielt sich die Sache mit den elektro- und magnetostatischen Kräften, die im ausgehenden 18. Jahrhundert Gegenstand intensiver Forschung waren, namentlich durch den Franzosen Charles Augustin de Coulomb (1736–1806), der ganz analog dem Newton'schen Gravitationsgesetz ein Kraftgesetz für elektrische Punktladungen aufstellte, das heute allgemein als Coulomb-Gesetz bezeichnet wird.

Eine umfassende Theorie elektrischer und magnetischer Phänomene publizierte 1873 der Schotte James Clerk Maxwell (1831–1879), der sich dabei eng an die Vorstellung des Chemikers und Experimentalphysikers Michael Faraday (1791–1867) hielt. Letzterer benutzte bei seiner Beschreibung elektrischer und magnetischer Wirkungen den Begriff der »Kraftfeldlinien«. Darunter verstand Faraday zunächst nur eine räumliche Verteilung von Kraftvektoren, die Richtung und Betrag der elektrischen (magnetischen) Kräfte auf eine am jeweiligen Ort angebrachte Einheitsladung (Einheits-Stromelement) angaben. Faraday ging aber einen logischen Schritt weiter, indem er die Kraftfeldlinien nicht nur als hilfsweise eingeführte Vorstellungs- und Rechengröße betrachtete, sondern ihnen eine physikalische Existenz zuschrieb, die unabhängig vom lokalen Vorhandensein einer Test-Einheitsladung zur Messung der Kraft war. Er führte damit ein neues Realitätskonzept in die Physik ein, das des *elektrischen bzw.*

magnetischen Feldes: Jedem Raumpunkt wird zu jeder Zeit ein elektrischer und ein magnetischer Vektor zugeordnet, also jeweils eine Richtung und ein Betrag. Nimmt man diese Vorstellung auf, so ist die natürliche Frage die, wie sich in Abhängigkeit von äußeren Ladungen und Strömen diese Felder in Raum und Zeit verteilen bzw. verändern. Insbesondere ist es also sinnvoll, nach den elektrischen bzw. magnetischen Feldstärken an solchen Orten zu fragen, an denen sich keine Ladungen oder Ströme befinden. Auf diese Fragen gibt nun die Theorie Maxwells eine vollständige Antwort. Es bleibt aber zu betonen, dass der intendierte physikalische Sinn der dabei verwendeten mathematischen Begriffe auf dem Feldkonzept Faradays basiert. Die mathematische Theorie selbst ist von großer struktureller Eleganz. Insbesondere zeigt sich, dass sich im Falle zeitveränderlicher Feldkonfigurationen elektrische und magnetische Felder gegenseitig bedingen und dabei so eng in Beziehung treten, dass es sinnvoll ist, nur noch von einem vereinheitlichten *elektromagnetischen* Feld zu sprechen, dem jetzt pro Raum- und Zeitpunkt eine Größe mit 6 Komponenten (3 elektrische und 3 magnetische) zugeordnet wird.

Eine der schönsten Leistungen der Maxwell'schen Theorie war die Voraussage elektromagnetischer Wellen, die sich im ladungs- und stromfreien Raum ausbreiten können. Die Ausbreitungsgeschwindigkeit wurde ebenfalls durch die Theorie vorhergesagt und ergab sich gleich der Lichtgeschwindigkeit. Damit setzte die Vorstellung ein, dass Licht nichts anderes sei als eine elektromagnetische Welle und dass die Gesetze der Optik, wie zum Beispiel die Brechungsgesetze, sämtlich aus der Maxwell-Theorie folgen sollten, was sich dann auch im Verlauf des ausgehenden 19. Jahrhunderts glänzend bestätigte.

Aber auch Maxwell kam nicht von der »Äthervorstellung« los.

Es blieb bis zu Anfang des 20. Jahrhunderts bei einem dualistischen Materiebegriff. Dieser umfasste einerseits die im Raum lokal beweglichen Körper, die auch das Attribut der Trägheit bzw. Schwere tragen und deshalb in der älteren Terminologie die *ponderable* – also wägbare – Materie genannt werden und dem Äther, der den ganzen Raum einschließlich des Inneren der Körper durchdringt und Träger elektromagnetischer Felder und damit auch der Lichtwellen ist. Auch das Gravitationsfeld war damals als im Äther verankert zu denken, doch war die Gravitationstheorie zu diesem Zeitpunkt noch sehr unterentwickelt, nicht vergleichbar etwa der Maxwell'schen Theorie des Elektromagnetismus.

2.2 Das Relativitätsprinzip der Mechanik

Ein zentraler Begriff der Newton'schen Mechanik ist die *Kraft*. Etwas weiter ausholend kann man sagen, dass sich die Mechanik einerseits mit dem Wirken von Kräften auf physikalische Körper und ihren daraus ableitbaren Bewegungstypen beschäftigt und andererseits erlaubt, aus Bewegungserscheinungen auf die wirkenden Kräfte zu schließen. Dies geschieht durch die Newton'sche Gleichung *Kraft = Masse × Beschleunigung*, die in Formeln ausgedrückt folgende Gestalt hat:

$$\vec{F} = m\vec{a} \; . \tag{2}$$

Dabei bedeutet der Pfeil über F und a, dass es sich hier um »vektorielle«, d.h. gerichtete Größen handelt, denn eine Kraft bzw. Beschleunigung hat nicht nur einen Betrag (Stärke), sondern auch eine Richtung. Gleichung (2) besagt dann, dass Beschleunigung und Kraft gleichgerichtet sind und dass der Betrag der Kraft das m-Fache des Betrages der Beschleunigung ist. Relativ zu einem *Bezugssystem* kann man eine vektorielle Größe durch Angabe dreier Zahlen (zusammen mit ihren physikalischen Einheiten, in denen sie gemessen werden) vollständig charakterisieren. Diese heißen dann die *Komponenten* der vektoriellen Größe in diesem Bezugssystem. Wechselt man das Bezugssystem, so ändern sich auch die Komponenten der vektoriellen Größe.

Demnach sind Kräfte die Ursache von Beschleunigungen, also Änderungen der Geschwindigkeit, und zwar nicht nur hinsichtlich des Betrages der Geschwindigkeit, sondern auch hinsichtlich ihrer Richtung. So muss z.B. ein Hammerwerfer beständig am Drahtseil ziehen, um die Metallkugel auf eine Kreisbahn zu zwingen, auch wenn der Betrag der Geschwindigkeit der Metallkugel konstant ist. Wesentlich ist hier, dass sich die Richtung der Geschwindigkeit beständig ändert. In diesem Beispiel steht die Beschleunigung stets senkrecht auf der momentanen Geschwindigkeit, weshalb Letztere sich nicht im Betrag, sondern nur der Richtung nach ändert. Gemäß der Newton'schen Formel (2) gilt nun, dass in Abwesenheit von Kräften die Beschleunigungen verschwinden müssen, in anderen Worten, die Geschwindigkeiten konstant sind. Da auch die Geschwindigkeit eine vektorielle Größe ist, die man mit $\vec{v}$ bezeichnet, bedeutet dies, dass Betrag und Richtung der Geschwindigkeit sich nicht ändern, sofern keine Kräfte einwirken. Dies ist gerade die Aussage des so genannten Trägheitsgesetzes:

Trägheitsgesetz. Ein kräftefreier Körper verharrt im Zustand der Ruhe oder der gleichförmig geradlinigen Bewegung.

Man beachte, dass eine beliebige gleichförmig geradlinige Bewegung mit der Annahme einer verschwindenden Kraft verträglich ist. Betrag und Richtung der Geschwindigkeit können frei gewählt werden. Auch der Ort, an dem sich der Körper zu einer festen Zeit, etwa zur Zeit $t = 0$ befindet, ist dann noch unbestimmt. Ganz allgemein ist bei vorgegebener Kraft die Bewegung nur bis auf eine konstante Geschwindigkeit und einen beliebigen Anfangsort festgelegt. Insbesondere gilt das

Mechanische Relativitätsprinzip. Zwei identische abgeschlossene physikalische Systeme, die sich relativ zueinander in gleichförmig

geradliniger Bewegung befinden, sind hinsichlich der an den Einzel-
systemen mechanisch messbaren Phänomene ununterscheidbar.

An dieser Stelle soll auch noch ein prinzipieller Aspekt im Zusammenhang mit der obigen, üblichen Formulierung des Trägheitsgesetzes erwähnt werden, der ungerechtfertigterweise häufig unter-
schlagen wird. So ist nämlich in obiger Formulierung keine Aussage
darüber enthalten, bezüglich *welchem* Referenzsystem die kräftefreie Bewegung geradlinig und gemessen mit *welcher* Uhr sie gleichförmig sein soll. Bezogen auf die rotierende Erde ist eine kräftefreie
Bewegung keineswegs geradlinig. Ebenso ist eine kräftefreie Bewegung keineswegs gleichförmig, wenn ich sie mit einer Uhr vermesse,
deren Ganggeschwindigkeit relativ zu einer »Normaluhr« zeitlich
variiert. Eine solche Uhr wäre keineswegs nutzlos, sofern ihre Gang-
rate wohldefiniert und reproduzierbar ist. So war es etwa bis in das
15. Jahrhundert üblich, den Tag, also die Zeit zwischen Sonnenaufgang und Sonnenuntergang und die Nacht, also die Zeit zwischen
Sonnenuntergang und Sonnenaufgang, jeweils in 12 gleich lange
Tag- bzw. Nachtstunden zu unterteilen. Im Sommer war dann eine
Tagstunde länger als eine Nachtstunde; im Winter war es umgekehrt. Darüber hinaus hing diese Differenz auch von der jeweiligen
geographischen Breite ab. Noch heute kann man Uhren besichtigen
– z. B. in der St. Nikolai-Kirche in Stralsund –, die zwei ineinander ge-
malte Zifferblätter besitzen, eines eingeteilt in die eben beschriebe-
nen Tag-Nacht-Stunden, genannt »Temporalstunden«, das andere
mit der uns heute geläufigen Einteilung in damals so genannte
»Äquinoktialstunden«. Um auf das Trägheitsgesetz zurückzukommen,
kann man fragen, woher man eigentlich weiß, dass die darin ausge-
sprochene Gleichförmigkeit bezüglich der Äquinoktialeinteilung
und nicht bezüglich der Temporaleinteilung gemeint ist. Die etwas
lapidare Antwort darauf lautet: Weil dann das Trägheitsgesetz nicht
gültig wäre. Der Punkt ist nämlich, dass der obigen Formulierung des

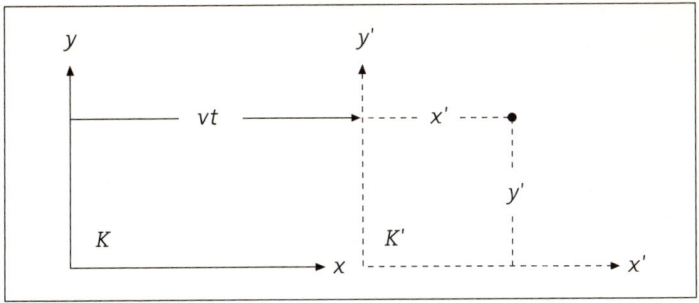

Abb. 1: Relation der Koordinaten *(x, y)* und *(x', y')* eines Punktes • zum Zeitpunkt t bezüglich der Koordinatensysteme *K* bzw. des sich relativ dazu mit der Geschwindigkeit *v* bewegenden Systems *K'*. Die dritte Dimension (z-Koordinate) ist unterdrückt.

Trägheitsgesetzes diesbezüglich ein Zusatz angehängt werden muss, sodass es vollständig so lautet:

Trägheitsgesetz (vervollständigt). Ein kräftefreier Körper verharrt im Zustand der Ruhe oder der gleichförmig geradlinigen Bewegung, sofern man das räumliche Referenzsystem und die Uhr geeignet wählt.

Mit anderen Worten spricht das Trägheitsgesetz die Existenz bevorzugter Referenzsysteme und Zeitskalen aus, bezüglich derer die kräftefreie Bewegung dann geradlinig gleichförmig ist. Diese werden nach einem Vorschlag Ludwig Langes (1863–1936) *Inertialsysteme* bzw. *Inertialzeitskalen* genannt. Sie sind durch die Forderung des Trägheitsgesetzes keineswegs eindeutig festgelegt: Eine Zeitskala bleibt eine Inertialzeitskala, wenn man zu jedem ihrer Werte einen festen Wert addiert oder ihn mit einer festen Zahl multipliziert, und ein Referenzsystem bleibt ein Inertialsystem, wenn man es um eine feste Strecke versetzt, einen festen Winkel dreht oder mit einer festen Geschwindigkeit geradlinig gleichförmig bewegt. Die letztgenannte Operation nennt man eine Geschwindigkeitstransformation, deren analytischen Ausdruck wir angeben wollen. Sei K ein räumliches orthogonales Koordinatensystem, dessen Achsen wie üblich mit x, y und z bezeichnet seien. Mit t sei die in diesem Bezugssystem gemessene Zeit bezeichnet. Sei weiter K' ein gegenüber K in Richtung der positiven x-Achse mit der Geschwindigkeit v bewegtes orthogonales Koordinatensystem, dessen Achsen mit x', y' und z' bezeichnet sind. Die in K' gemessene Inertialzeit t' sei identisch mit t. Die beiden Systeme K und K' seien relativ zueinander nicht verdreht, sodass die entsprechenden Achsen parallel sind. Schließlich sei ihre relative Verschiebung so gewählt, dass die Koordinatennullpunkte beider Systeme zum Zeitpunkt $t = 0$ zusammenfallen. Dann gilt (siehe Abb. 1)

$$x' = x - vt, \quad y' = y, \quad z' = z, \quad t' = t \ . \tag{3}$$

Diese besagen, dass einem Ereignis, dessen Raum-Zeit-Koordinaten bezüglich K die vier Werte (x, y, z, t) entsprechen, bezüglich K' die Werte $(x - vt, y, z, t)$ zuzuordnen sind. Allgemein nennt man solche Umrechnungsformeln zwischen den Koordinaten von Inertialsystemen und Inertialzeitskalen einfach *Transformationen*. Die in (3) wiedergegebene Transformation nennt man eine *Galilei-Transformation*. Wir wollen aus ihr noch eine scheinbar selbstverständliche Folgerung ableiten: Das Additionsgesetz für Geschwindigkeiten. Dazu denke man sich ein Projektil, das sich relativ zu K' mit der Geschwindigkeit $\vec{u}' = (u'_x, u'_y, u'_z)$ bewegt. Seine Bewegungsgleichungen bezüglich K' sind also gegeben durch:

$$x' = u'_x t', \quad y' = u'_y t', \quad z' = u'_z t' \ . \tag{4}$$

Setzt man diese Ausdrücke für x', y' und z' in (3) ein und löst nach x, y und z auf, so folgt

$$x = (u'_x + v)t, \quad y = u'_y t, \quad z = u'_z t \ , \tag{5}$$

woraus man die Projektilgeschwindigkeit $\vec{u}$ bezüglich K sofort abliest:

$$u_x = u'_x + v, \quad u_y = u'_y, \quad u_z = u'_z \ . \tag{6}$$

Dies ist das klassische und intuitiv sehr einleuchtende Additionsgesetz für Geschwindigkeiten. Es besagt einfach, dass Geschwindigkeiten vektoriell, d.h. komponentenweise, zu addieren sind. An dieser Stelle ist aber der Hinweis wichtig, dass diese intuitiv einleuchtende Regel keineswegs die logisch einzig mögliche ist. Die Operation der Addition von Geschwindigkeiten ist physikalisch definiert und muss nicht notwendig durch die einfache mathematische Operation der Addition von Vektoren repräsentiert werden. Dass sie es im vorliegenden Fall trotzdem tut, ist eine nichttriviale Aussage der Newton'schen Physik. Wir werden sehen, dass in der SRT diese einfache Regel durch eine wesentlich kompliziertere ersetzt werden wird.

Den zeitlichen Verlauf einfacher Prozesse kann man oft bequem in so genannten Raum-Zeit-Diagrammen darstellen. In diesen ist zusätzlich zu den räumlichen Koordinaten auch die Zeitkoordinate mit aufgetragen, die man konventionell meist in vertikaler Richtung nach oben zeigen lässt. Zur Festlegung eines Punktes der Raum-Zeit, auch »Ereignis« genannt, braucht man dann drei Orts- und eine Zeitkoordinate, also vier Angaben. In diesem Sinne spricht man dann davon, dass die Raum-Zeit vierdimensional ist. Beziehen sich die Koordinaten auf ein Inertialsystem und eine Inertialzeitskala, dann ist die kräftefreie Bewegung eines Teilchens durch eine gerichtete Gerade dargestellt, deren Steigung (d.h. der Tangens des Winkels) gegen die t-Achse gerade die Geschwindigkeit ist. Allgemein nennt man die einem ausdehnungslos gedachten Objekt zugeordnete Kurve im Raum-Zeit-Diagramm seine *Weltlinie*. In Abb. 2 sind die Weltlinien zweier aneinander streuender Teilchen A und B dargestellt. Vor dem Zusammenstoß läuft Teilchen A auf der x-Achse in positiver Richtung, Teilchen B mit gleichem Geschwindigkeitsbetrag in gegenläufiger Richtung. Zum Zeitpunkt $t = t_Z$ kommt es bei $x = x_Z$ zu einem elastischen Zusammenstoß, sodass die Teilchen danach mit der jeweils

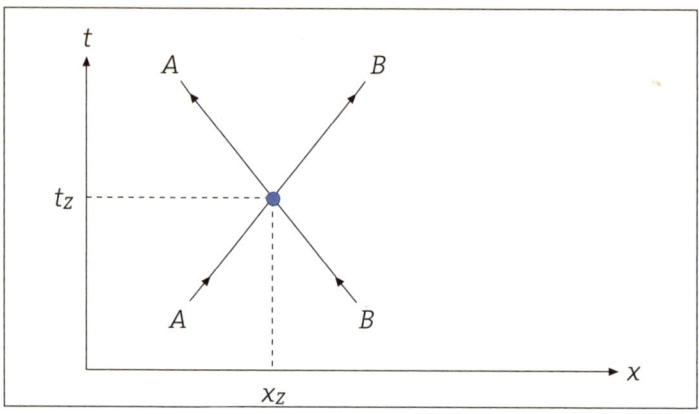

Abb. 2: Die Streuung zweier Teilchen *A* und *B* im Raum-Zeit-Diagramm. Das Ereignis des Zusammenstoßes hat die Raum-Zeit-Koordinaten x_z und t_z.

entgegengesetzten Geschwindigkeit wieder auseinander laufen. Da die Teilchen mit Ausnahme des Wechselwirkungsereignisses keinen Kräften unterliegen sollen – es handelt sich insbesondere um ungeladene Teilchen –, sind ihre Weltlinien Geraden, die nur am Wechselwirkungsereignis einen Knick haben dürfen. Solche elementaren Wechselwirkungsereignisse von Teilchen bilden für den Physiker die operationale Approximation dessen, was der Mathematiker einen Raum-Zeit-Punkt oder auch ein Ereignis nennt. Dabei wird kein physikalisches Ereignis wirklich genau einen mathematischen Raumpunkt definieren, sondern immer nur ein kleines Gebiet, wie das in Abb. 2 auch durch die blau unterlegte kleine Region um den Wechselwirkungspunkt angedeutet ist. Trotzdem wird man im Sinne einer Idealisierung auch physikalisch von Raum-Zeit-Punkten bzw. Punktereignissen reden, auch wenn diese nur in einem approximativen Sinne physikalisch realisierbar sind. Dabei sei als Nebenbemerkung angefügt, dass die Grundprinzipien der Quantentheorie, und dort insbesondere die Heisenberg'sche Unschärferelation, in Verbund mit

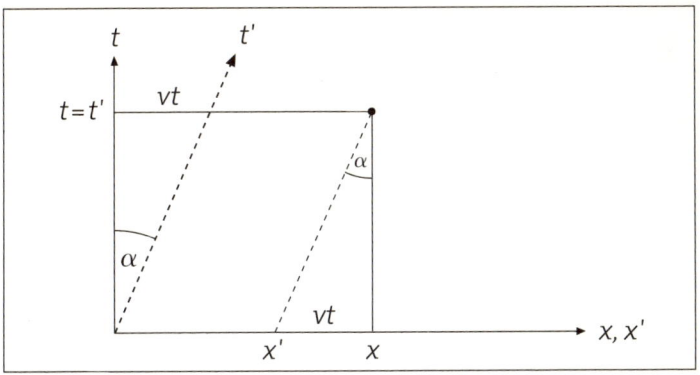

Abb. 3: Geometrische Darstellung der Galilei-Transformation. Das Ereignis • hat bezüglich *K* die Koordinaten *(x, t)* und bezüglich *K'* die Koordinaten *(x', y')*.

der Allgemeinen Relativitätstheorie starke Anhaltspunkte dafür liefern, dass *prinzipiell* untere Schranken für die physikalische Lokalisierbarkeit in Raum und Zeit existieren, die durch die so genannte Planck-Länge l_P und die so genannte Planck-Zeit t_P gegeben sind, die wiederum durch einfache Ausdrücke in den fundamentalen Naturkonstanten (Lichtgeschwindigkeit c, Gravitationskonstante G, Planck'sches Wirkungsquantum $\hbar$) bestimmt sind:

$$l_P = \sqrt{\frac{\hbar G}{c^3}} = 1{,}62 \cdot 10^{-33} cm \ , \tag{7}$$

$$t_P = \sqrt{\frac{\hbar G}{c^5}} = 5{,}40 \cdot 10^{-44} s \ . \tag{8}$$

Solch phantastisch kurze Längen und Zeiten liegen derzeit um Größenordnungen weit außerhalb des physikalisch erreichbaren Auflösungsvermögens. Man stellt sich deshalb auf den Standpunkt, dass, solange man diesen Skalen nicht allzu nahe kommt, die Identifikation eines physikalischen Elementarereignisses durch einen mathematischen Punkt eine erlaubte Idealisierung ist, die sich für die mathematische Beschreibung als überaus bequem erweist.

Die oben in Gleichung (3) algebraisch angegebenen Galilei-Transformationen können nun mit Hilfe von Raum-Zeit-Diagrammen auch geometrisch gedeutet werden, wie hier in Abb. 3 dargestellt. Dazu macht man sich klar, dass die t-Achse die Menge aller Ereignisse mit fester Raumkoordinate $x = 0$ ist, also die Weltlinie dieses Raumpunktes, und dass entsprechend alle dazu parallelen Linien die Weltlinien der Raumpunkte mit anderen konstanten x-Werten sind. Die x-Achse stellt die Menge aller Ereignisse zur Zeit $t = 0$ dar und alle dazu parallelen Linien die Menge aller Ereignisse zu anderen festen Zeiten. Alle auf einer zur x-Achse parallelen Geraden liegenden Ereignisse sind also paarweise gleichzeitig. Die t'-Achse des gegenüber dem System K mit der Geschwindigkeit v bewegten Systems K' ist die Weltlinie des Raumpunktes $x' = 0$. Dieser bewegt sich gegenüber K mit der Geschwindigkeit v in Richtung der positiven x-Achse, weshalb die t'-Achse um einen Winkel α gegen die t-Achse geneigt ist. Die x'-Achse ist aber identisch mit der x-Achse, da die bezüglich K gleichzeitigen Punkte auch bezüglich K' gleichzeitig sind, was gerade durch die letzte der obigen Gleichungen (3) ausgedrückt wird. Diese scheinbar selbstverständliche Annahme ist Ausdruck eines *absoluten* (d. h. vom Bewegungszustand unabhängigen) *Gleichzeitigkeitsbegriffs*. Wir werden sehen, dass die SRT diesen durch einen vom Bewegungszustand abhängigen ersetzen wird, was sich geometrisch dann darin äußert, dass dort in Unterschied zu Abb. 3 die x'-Achse nicht mehr mit der x-Achse zusammenfällt.

Um möglichen Missverständnissen zu begegnen, sei explizit darauf hingewiesen, dass grundsätzlich *beliebige* Festlegungen raumzeitlicher Bezugssysteme (d. h. räumlicher Bezugssysteme und Zeitskalen) denkbar sind. Nicht-Inertialsysteme sind nicht etwa irgendwie unphysikalisch oder gar verboten. Inertialsysteme sind lediglich durch die physikalischen Gesetze ausgezeichnet. Nur bezüglich ihnen gilt das Newton'sche Kraftgesetz in der einfachen Form (2). In Nicht-Inertialsystemen treten Zusatzglieder hinzu, die die durch die nicht-iner-

tiale Bewegung des Bezugsystems verursachten »Scheinkräfte« be-
rücksichtigen, wie etwa die Zentrifugalkraft oder die Corioliskraft.
Gerade für die praktische Beschreibung konkreter Situationen ist die
Flexibilität in der Wahl des Bezugsystems von großem Nutzen. So
bietet es sich etwa für die Beschreibung alltäglicher irdischer Vorgänge an, ein mit der Erde starr verbundenes räumliches Koordinatensystem zu verwenden und die »Uhrzeit« aus dem Sonnenstand
relativ zu einem festen Längengrad (Greenwich) abzulesen. Man beachte, dass dieses Bezugsystem aus vielerlei Gründen sicher nicht
inertial ist: der räumliche Teil z. B. schon wegen der Eigenrotation der
Erde nicht und die so definierte Zeitskala auch nicht, da die Rota-
tionsgeschwindigkeit der Erde relativ zur Sonne nicht gleichmäßig
verläuft. (Tatsächlich verläuft sie nicht einmal gleichmäßig relativ zu
den entferntesten Fixsternen.) Erst in der Allgemeinen Relativitätstheorie werden die Bewegungsgesetze unter Einschluss der Gravitation so umformuliert, dass sie in *jedem* Bezugsystem die gleiche
Form besitzen und die Inertialsysteme somit ihre Sonderrolle weitgehend einbüßen. Damit wird auch die logisch unbefriedigende Unterscheidung zwischen wirklichen Kräften und Scheinkräften abgeschafft. In der SRT bleiben diese Unterscheidung sowie die Sonderrolle
der Inertialsysteme aber weiterhin bestehen.

2.3 Gilt das Relativitätsprinzip in der Elektrodynamik?

Wenn die elektromagnetischen Felder als Zustandsbeschreibungen
eines Mediums Äther verstanden werden, dann muss dieser Äther
überall dort vorhanden sein, wo auch elektromagnetische Felder an-
getroffen werden können, also auch im Inneren von gewöhnlicher
Materie. Dort wird er einer gewissen Wechselwirkung mit der Materie unterliegen, die seine Eigenschaften verändern können. Etwa
kann man sich vorstellen, dass die Dichte des Äthers innerhalb von
Materie eine andere ist als außerhalb. Das könnte dann das ver-

schiedene Verhalten elektromagnetischer Felder inner- und außerhalb von Materialien erklären, wie z. B. die tatsächlich beobachteten unterschiedlichen Ausbreitungsgeschwindigkeiten elektromagnetischer Wellen, insbesondere von Licht. So ist etwa aus der Elastizitätstheorie bekannt, dass die Ausbreitungsgeschwindigkeit von Deformationswellen umgekehrt proportional zur Wurzel aus der Materialdichte ist. Übertragen auf den Äther würde dies bedeuten, dass innerhalb eines Materials die verringerte Lichtgeschwindigkeit einherginge mit einer vergrößerten Dichte des Äthers. Eine solche Theorie wurde schon sehr früh vom französischen Physiker Augustin Jean Fresnel (1788–1827) versucht.

Allgemein gilt für die Ausbreitungsgeschwindigkeit c_m (genauer: Phasengeschwindigkeit) von Lichtwellen in einem Material

$$c_m = \frac{c}{n} \; , \tag{9}$$

wobei c die Ausbreitungsgeschwindigkeit außerhalb jeder gewöhnlichen Materie (»im Vakuum«) ist und n den so genannten Brechungsindex des Materials bezeichnet. Um genau zu sein, muss man aber dazusagen, dass sowohl c als auch c_m relativ zum lokal ruhend gedachten Äther gemeint sind. (Hier und im Folgenden ist »Bewegung« bzw. »Ruhe« des Äthers stets »im Mittel« zu verstehen, das absieht von eventuell vorhandenen Wirbelbewegungen im Kleinen, die nach Maxwells Vorstellungen gerade Ursache gewisser elektromagnetischer Felder sind.) Bewegt man sich relativ zum Äther, so wird man erwarten, dass der dadurch entstehende »Ätherwind« die Welle bevorzugt in die Richtung des Windes transportieren wird. Relativ zu einem gegen den Äther bewegten System wäre also die Lichtausbreitung anisotrop. Das hieße aber, dass das oben formulierte Relativitätsprinzip der Mechanik nicht auf die Elektrodynamik erweitert werden kann, denn anhand von genauen Messungen der Ausbreitungsgeschwindigkeiten von Licht in allen Richtungen ließe sich ja im Prinzip Betrag und Richtung der Geschwindigkeit relativ zum

Äther feststellen. Ist also das Relativitätsprinzip in der Elektrodynamik ungültig? Eine Antwort darauf kann nur von einer Theorie der *Elektrodynamik bewegter Körper (bzw. Medien)* gegeben werden.

2.4 Experimente, Widersprüche und Konsequenzen

Zu der eben formulierten Frage sind im Laufe der Entwicklung der Theorie des Lichtes und des Elektromagnetismus zahlreiche Versuche angestellt worden, von denen wir hier einige derjenigen besprechen wollen, die sich direkt mit der Lichtausbreitung beschäftigen. Diese sind nämlich unter Hinnahme bekannter strahlenoptischer Gegebenheiten relativ leicht zu referieren, ohne dass dabei die zugrunde liegenden und im Einzelnen recht verwickelten elektromagnetischen Vorgänge als bekannt vorausgesetzt werden müssen. Es ist jedoch zu betonen, dass die hier referierten Versuche durch eine Reihe anderer ergänzt wurden, die direkt das Verhalten elektromagnetischer Felder in bewegten Medien zum Gegenstand hatten.

Das Phänomen der Aberration. Als Erstes wenden wir uns dem Phänomen der Aberration zu, das wir anhand von Abb. 4 kurz illustrieren wollen. Betrachtet man einen Fixstern durch ein Fernrohr, so muss der vom Fixstern ausgesandte Lichtstrahl sowohl durch das Objektiv als auch durch das Okular des Fernrohres treten. Ruhen der Fixstern und das Fernrohr relativ zum Äther, so ergibt sich das links in der Abbildung wiedergegebene Bild. Bewegt sich hingegen das Fernrohr relativ zum Stern, der seinerseits relativ zum Äther ruht, mit der Geschwindigkeit v, in unserem Bild senkrecht zur ursprünglichen Blickrichtung nach rechts, und nehmen wir an, dass keinerlei Mitführung des Äthers innerhalb des Fernrohres durch seine Bewegung stattfindet, so ergibt sich, dass man das Fernrohr um einen gewissen Winkel α »vorhalten« muss, damit der Lichtstrahl Objektiv und Okular passieren kann. Das sieht man schnell anhand der zwei rechten Abbildungen von Abb. 4 ein, deren erste das Fernrohr zu dem Zeitpunkt zeigt, zu dem der vertikal einfallende Lichtstrahl gerade das Objektiv trifft, und die zweite zu dem Zeitpunkt, wo er das Okular trifft. In der Zeit τ, die das Licht benötigt, um vom Objektiv zum Okular zu gelangen, hat sich aber das Fernrohr und mit ihm das Okular um die Strecke $v\tau$ nach rechts verlagert. Das Fernrohr muss also um einen bestimmten Winkel α in Bewegungsrichtung verdreht werden. Dieser Winkel muss gerade so groß sein, dass nach der Zeit τ das Okular auf demselben vertikalen Lichtstrahl liegt. Da der Lichtstrahl in dieser Zeit gerade die vertikale Strecke $c\tau$ zurücklegt, ergibt sich aus der Abbildung sofort die trigonometrische Beziehung zwischen dem Tangens des Winkels α und den Geschwindigkeiten v und c:

$$tan\,\alpha = \frac{v}{c}\,.\qquad(10)$$

Diese Beziehung wurde bereits im Jahre 1728 vom englischen Astronomen James Bradley (1673–1762) dazu benutzt, die Lichtgeschwindigkeit c zu bestimmen. Dazu beobachtete er einen Fixstern in einer Richtung senkrecht zur Ekliptik, sodass die Beobachtungsrichtung stets nahezu senkrecht zur momentanen Bewegungsrichtung der Erde auf ihrer Bahn um die Sonne stand. Die Bahngeschwindigkeit v der Erde um die Sonne beträgt für die nahezu kreisförmige Bahn $2\pi AE$/Jahr, wobei AE die so genannte astronomische Einheit ist, mit der man die (durchschnittliche) Entfernung der Erde von der Sonne bezeichnet. Für AE = 150 Millionen Kilometer, einem Wert, der Bradley recht genau bekannt war, erhält man eine Geschwindigkeit von knapp 30 Kilometern pro Sekunde, also ungefähr einem Zehntausendstel der Lichtgeschwindigkeit. Wegen der Aberration muss nun das Fernrohr in Richtung der momentanen Bahngeschwindigkeit um einen Winkel von etwa einem zehntausendstel Bogenmaß (für kleine Winkel kann $tan\,\alpha$ in (10) durch α – gemessen in Bogenmaß – ersetzt werden), das entspricht 20 Bogensekunden, vorgehalten werden. Die Achse eines den Fixstern ständig fokussierenden Fern-

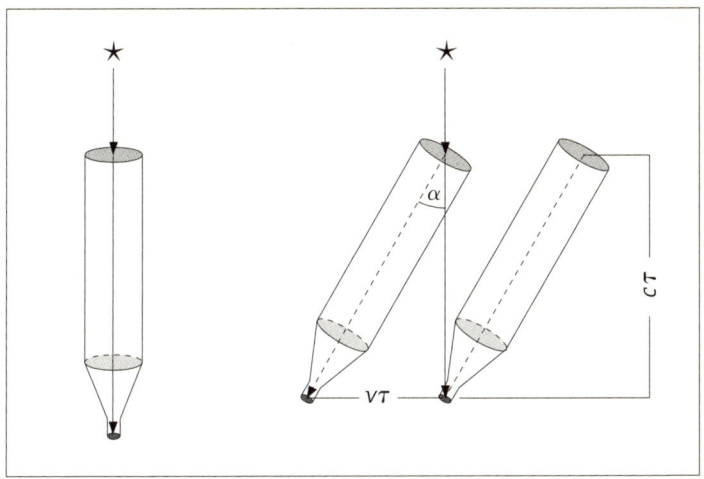

Abb. 4: Das Phänomen der Aberration.

rohres muss also im Laufe eines Jahres auf einen Kegelmantel mit einem Öffnungswinkel (gemessen von der Achse zum Mantel) von etwa 20 Bogensekunden nachgeführt werden. Man beachte, dass die jährliche Paralaxe des erdnächsten Fixsterns – Proxima Centauri, Entfernung 4,22 Lichtjahre – etwa 0,76 Bogensekunden beträgt, also viel kleiner als die Aberration ist und im Gegensatz zu ihr auch mit dem Abstand abfällt. Tatsächlich beobachtete Bradley den Stern γ-draconis im Kopf des Sternbildes Drachen, dessen Entfernung zur Erde etwa 112 Lichtjahre beträgt. Bradley maß nun genau diese scheinbare jährliche Variation der Position des Fixsterns und erhielt daraus unter Verwendung von (10) einen erstaunlich genauen Wert für das Verhältnis v/c, nämlich 1/10186 (moderner Wert: 1/10060). Mit dem ihm damals zur Verfügung stehenden Wert für AE konnte er schließlich einen Wert für c selbst angeben, der immerhin erheblich genauer war als der 50 Jahre zuvor von Rømer erhaltene. Insbesondere lieferte Bradleys Messung eine von Rømers Methode unabhängige Bestätigung für die Endlichkeit der Lichtgeschwindigkeit, die nun auch die letzten hartnäckigen Zweifler überzeugte. Schließlich kann sie auch als erster direkter Nachweis einer jährlich periodischen Bewegung der Erde angesehen werden, da die erste Messung einer Fixsternparalaxe erst 110 Jahre später dem Astronomen und Mathemaiker Friedrich Wilhelm Bessel (1784–1846) gelang.

Der springende Punkt für die Frage einer möglichen Mitführung des Äthers ist aber nicht Bradleys Bestimmung von c, sondern dass spätere, unabhängige Messungen von c es erlauben, die Beziehung (10) selbst zu überprüfen. Diese Beziehung gilt ja gemäß ihrer Ableitung nur dann, wenn der Äther im Innern des Fernrohres gar nicht oder jedenfalls nur geringfügig mitgeführt wird. So wäre bei vollständiger Mitführung überhaupt keine Aberration zu erwarten. Da das Innere eines Fernrohres mit Ausnahme der Linsen im Wesentlichen aus Luft besteht, hat viel später, im Jahre 1871, der englische Astronom George Biddell Airy (1801–1892) ein Fernrohr mit Wasser gefüllt, um zu überprüfen, ob sich nicht dann zumindest eine teilweise Mitführung in Form einer Abschwächung des Aberrationswinkels α zeigen würde, doch das Ergebnis war negativ. Da sich die Lichtquelle (Fixstern) weit außerhalb der Erdatmosphäre befindet, konnte man ebenfalls eine Mitführung des Äthers durch die Materie der Atmosphäre – im Rahmen der erreichten Genauigkeit – ausschließen.

Das Experiment von Fizeau. Ein anderes Experiment von großer historischer Bedeutung ist das des französischen Physikers Armand Hippolyte Fizeau (1819–1896) aus dem Jahre 1851, das in Abb. 5 in einer gegenüber dem historischen Aufbau leicht modifizierten Form skizziert ist. Eine Quelle L sendet Licht auf eine halbdurchlässige versilberte Glasplatte T, die als Strahlteiler dient. Die eine Hälfte des ankommenden Lichts wird von T reflektiert und gelangt über die Spiegel S_1, S_2 und S_3 zu T zurück, um von dort teilweise zum Beob-

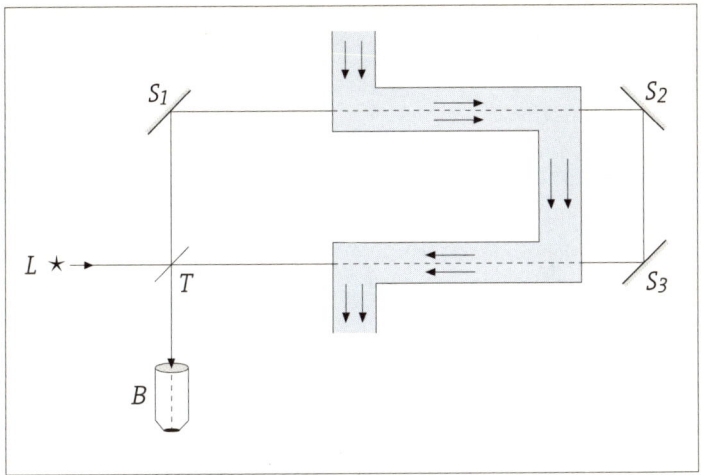

Abb. 5: Das Experiment Fizeaus.

achter B gelenkt zu werden (der Teil, der zur Quelle L zurückgelangt, interessiert nicht). Die andere Hälfte des Lichts passiert T und durchläuft das eingezeichnete Rechteck nun entgegen dem Uhrzeigersinn, also der Reihenfolge nach über S_3, S_2 und S_1 zu T und von dort teilweise zum Beobachter B. In B befindet sich eine Vorrichtung, die es erlaubt, die Interferenz der beiden Teilstrahlen zu beobachten. Auf den horizontalen Strecken $S_1 S_2$ und $T S_3$ passiert der Lichtstrahl teilweise das Innere eines glaswandigen Rohres, in dem sich eine Flüssigkeit mit Brechungsindex n befindet (in Abb. 5 schraffiert), die in Richtung der eingezeichneten Pfeile durch eine geeignete Vorrichtung in konstante Fließbewegung versetzt werden kann.

Durch die U-förmige Anordnung des Rohres ist die Ausbreitungsrichtung des Lichtes in der Flüssigkeit für den das Rechteck im Uhrzeigersinn durchlaufenden Lichtstrahl parallel zur möglichen Flussrichtung der Flüssigkeit, für den das Rechteck gegen den Uhrzeigersinn durchlaufenden Lichtstrahl entgegengesetzt dazu. Würde der Äther durch die Bewegung der Flüssigkeit mitgeführt, so würde der erste Teilstrahl auf seinen Streckenabschnitten innerhalb des Rohres schneller, der zweite Teilstrahl aber langsamer laufen. Man beobachtet nun zunächst das Interferenzmuster in B bei ruhender Flüssigkeit. Nun setzt man die Flüssigkeit in Bewegung. Im Falle der Mitführung des Äthers würde man dann eine charakteristische Verschiebung des Interferenzmusters beobachten, da sich die Durchlaufzeiten der beiden Teilstrahlen erniedrigen bzw. erhöhen. Fizeau stellte dieses Experiment mit Wasser an und fand tatsächlich eine durch die Flüssigkeitsströmung modifizierte Ausbreitungsgeschwindigkeit des Lichtes relativ zum Laborsystem: Ist c/n die Geschwindigkeit des Lichtes relativ zur Flüssigkeit und v die Geschwindigkeit der Flüssigkeit relativ zum Labor, dann breitet sich das Licht parallel zur Flüssigkeitsströmung relativ zum Labor mit der Geschwindigkeit

$$c' = \frac{c}{n} + v\varphi \qquad (11)$$

aus, wobei der Faktor φ den so genannten Mitführungskoeffizienten bezeichnet, der angibt, in welchem Maße sich die Geschwindigkeit des strömenden Mediums auf das Licht überträgt. Für $\varphi = 1$ hätte man vollständige Mitführung, für $\varphi = 0$ überhaupt keine. Fizeau konnte seine Ergebnisse durch folgende Formel darstellen, die schon lange vorher von Fresnel aufgrund sehr spekulativer theoretischer Überlegungen aufgestellt wurde:

$$\varphi = 1 - \frac{1}{n^2} . \qquad (12)$$

Dabei hatte Fizeau für n den Brechungsindex von Wasser, $n = 1,33$, gesetzt. In späteren Versuchen aus den Jahren 1914–19 hat der holländische Experimentalphysiker Pieter Zeeman (1865–1943) die strömende Flüssigkeit durch ringförmig angeordnete bewegte Quarz- bzw. Glaskörper ersetzt und konnte damit die Relation (12) auch für größere Brechungsindizes bestätigen. An dieser Relation sind nun drei Dinge bemerkenswert: Erstens, dass überhaupt eine Mitführung stattfindet, zweitens, dass diese nicht vollständig ist, und drittens, dass der Grad der Mitführung vom Brechungsindex n abhängt. Für Gase liegt n sehr nahe bei eins, etwa $n = 1{,}00014$ für Luft, während es für Feststoffe etwa zwischen 1,5 für Glas und 2,4 für Diamant liegt. An dieser Stelle darf aber auch eine theoretische Schwierigkeit nicht unerwähnt bleiben, die der Äthervorstellung aus der n-Abhängigkeit der Mitführung erwächst. Diese hat zu tun mit dem Phänomen der Dispersion, worunter man die Abhängigkeit des Brechungsindex eines Materials von der Wellenlänge des eingestrahlten Lichtes versteht. Der Brechungsindex ist also streng genommen eigentlich keine dem Material zugeordnete Zahl, wie eben kurzzeitig suggeriert, sondern eine ihm zugeordnete Funktion der Wellenlänge. Die oben angegebenen Zahlen entsprechen dann den Brechungsindizes bei einer festgelegten Wellenlänge, hier im sichtbaren Spektralbereich des Lichts, in dem der Brechungsindex der angegebenen Materialien ohnehin nur schwach variiert. Trotzdem führt eine solche Abhängigkeit zu sichtbaren Effekten, wie aus Alltagserscheinungen wohl bekannt ist, etwa dem Regenbogen, wo ursprünglich weißes Licht nach Brechung eben wegen der Dispersion in seine Spektralfarben zerlegt erscheint. Für die Beziehung (12) bedeutet dies aber, dass nun auch der Grad der Mitführung des Lichtes durch bewegte Materie von der Wellenlänge des Lichts abhängt, was der ganzen Idee zu widersprechen scheint, dass diese Mitführung lediglich einer Mitführung des einen die Lichtwellen (aller Wellenlängen) tragenden Äthers entspricht, dem ja naturgemäß auch nur eine Geschwindigkeit zukommen kann.

Trotz dieser und verwandter anderer Bedenken hat man die Unvollständigkeit der Mitführung bis zu Beginn des 20. Jahrhunderts geradezu als direkten Beweis für die Existenz des Äthers angesehen, denn offensichtlich hatte man ja nun gezeigt, dass sich Licht in ein und demselben Material mit verschiedenen Geschwindigkeiten ausbreiten kann: mit der Geschwindigkeit c/n, wenn das Material relativ zum Äther ruht und mit der Geschwindigkeit

$$c' - v = \frac{c}{n} - \frac{v}{n^2}\,, \tag{13}$$

wenn es sich in Richtung des Lichtstrahls mit der Geschwindigkeit v gegenüber dem Äther bewegt. Wie sollte man das anders interpretieren als Effekt eines Äther-»Gegenwindes«? Zwar wurde im Experiment Fizeaus die Geschwindigkeit (13) des Lichtes relativ zur strömenden Flüssigkeit nicht direkt gemessen, sondern nur relativ zum Labor, aber durch einfache Anwendung des Additionsgesetzes für Geschwindigkeiten, so schien es, konnte man direkt von (11) auf (13) schließen. Die Spezielle Relativitätstheorie wird dies später als inkorrekt entlarven. Einstweilen wurde dies aber noch als unzweifelhaft angesehen, und es sollte gelingen, auch durch eine direkte Messung die Verschiedenheit der Lichtgeschwindigkeit je nach relativem Bewegungszustand zum Äther experimentell nachzuweisen.

Das Experiment von Michelson und Morley. Ein interessanter und auch recht nahe liegender Vorschlag zur direkten Messung einer eventuellen Geschwindigkeit des Sonnensystems relativ zum umgebenden Äther stammt von Maxwell aus dem Jahre 1879. Er wies darauf hin, dass die bekannte Rømer'sche Methode ja die Laufzeit des Lichtes über den Durchmesser der Erdbahn in einer ganz bestimmten Richtung misst, nämlich der, die ausgehend vom Jupiter zur Erde hin zeigt. Da die Umlaufzeit des Jupiters um die Sonne etwa zwölf Jahre beträgt, steht er nach ungefähr sechs Jahren auf der diametral gegenüberliegenden Stelle seiner Bahn, sodass die Richtung Jupiter – Erde nun der vorherigen gerade entgegengesetzt ist. Hätte nun das ganze Sonnensystem eine feste, oder jedenfalls innerhalb sechs Jahren in der Richtung nur schwach variierende Geschwindigkeit relativ zum Äther, so müsste man mit der Rømer'schen Methode eine zwölfjährig periodische Modulation der gemessenen Lichtlaufzeit feststellen. Das Interessante dieser Methode ist ihre weitgehende Unabhängigkeit von allen Annahmen betreffend die Mitführung des

Äthers durch die Atmosphäre der Erde oder die Messinstrumente auf ihr, da sich der wesentliche Teil der Lichtstrecke ganz außerhalb der Erdatmosphäre befindet. Auch würde man hinsichtlich der Tatsache, dass beobachtete Relativgeschwindigkeiten von »Fixsternen« gegen das Sonnensystem oft einige hundert Kilometer pro Sekunde betragen, nicht erwarten dürfen, dass nun ausgerechnet unsere Sonne eine relativ zum kosmischen Äther wesentlich kleinere Geschwindigkeit besitzt. Tatsächlich umkreist unser Sonnensystem das galaktische Zentrum der Milchstraße mit einer Geschwindigkeit von etwa 220 Kilometern pro Sekunde (was Maxwell allerdings noch nicht bekannt war). Weiter kann man leicht überschlagen, dass bei einer Relativgeschwindigkeit zum Äther von 150 Kilometern pro Sekunde ein Laufzeitunterschied von einer Sekunde auftritt, und dass dieser in führender Ordnung linear von der Geschwindigkeit relativ zum Äther abhängt. Leider zeigt sich jedoch, dass die Rømer'sche Methode nicht geeignet ist, einen Effekt von Relativgeschwindigkeiten in der genannten Größenordnung zuverlässig festzustellen. Das liegt zum Hauptteil daran, dass sie auf der zeitlichen Festlegung von Verfinsterungen eines Jupitermondes durch Eintritt in den vom Jupiter auf seiner der Sonne abgewandten Seite geworfenen Schatten basiert. Dieser Akt der Verfinsterung wird aber für den Beobachter durch eine Periode allmählich zunehmender Verdunkelung eingeleitet, und es ist i. A. nicht möglich, den Moment der endgültigen Verfinsterung auf die Sekunde genau festzulegen. Geht man – sehr optimistisch – von einer Genauigkeit von 10 Sekunden aus, so würde diese Methode auf Relativgeschwindigkeiten zum Äther ab 500 Kilometern pro Sekunde empfindlich sein, was aber natürlich nicht ausreicht.

Einen wirklichen experimentellen Durchbruch hinsichtlich der geforderten Genauigkeit brachte das Experiment der amerikanischen Experimentalphysiker Albert Abraham Michelson (1852–1931) und Edward Morley (1836–1923) aus dem Jahre 1887, das wir anhand von Abb. 6 erläutern. Wie beim Fizeau'schen Versuch handelt es sich auch hier um ein so genanntes Interferometer. Eine Quelle L schickt einen Lichtstrahl auf einen Strahlteiler T, der die eine Hälfte des ankommenden Lichts über eine Wegstrecke l_1 zu einem Spiegel S_1 reflektiert, von wo aus diese geradewegs zu T zurückreflektiert wird und nach Passieren von T zum Teil zum Beobachter B gelangt. Die andere Hälfte passiert zuerst T, gelangt dann nach einer Wegstrecke l_2 zum Spiegel S_2, wird von dort zu T zurückreflektiert und gelangt dann nach Reflektion an T teilweise zu B. Die zur Quelle L zurückgelangenden Teilstrahlen interessieren nicht weiter. In B befindet sich eine Vorrichtung, mit der das Interferenzmuster der dort überlagerten Teilstrahlen vermessen werden kann. Die ganze Anordnung ist mit allen Teilen fest auf einer Steinplatte montiert, die in einer Wanne mit Quecksilber schwimmt, sodass sie im Ganzen möglichst erschütterungsfrei gedreht werden kann.

Da die Apparatur fest auf der Erdoberfläche angebracht ist, führt sie relativ zur Sonne eine Bewegung aus, die sich aus der täglichen Eigenrotation der Erde und der jährlichen Bahnbewegung der Erde um die Sonne zusammensetzt. Da nach Fizeaus Ergebnissen ein messbares Mitführen des Äthers durch die Erdatmosphäre (Brechungsindex sehr nahe an eins) nicht zu erwarten ist, sollte im Laufe eines Jahres die Geschwindigkeit der Apparatur relativ zum Äther einmal mindestens so groß werden wie die Relativgeschwindigkeit der Erde zur Sonne, also mindestens 30 Kilometer pro Sekunde. Im Michelson-Morley-Experiment wird nun überprüft, ob die Differenz zwischen der für Hin- und Rücklauf zusammen benötigten Lichtlaufzeit des einen Arms zu der des anderen Arms von der Orientierung der Apparatur abhängt. Nach der bisherigen Äthertheorie ist eine solche Abhängigkeit nämlich zu erwarten, wie die folgende Diskussion zeigt.

Wir verfolgen den Vorgang der Lichtausbreitung vom Ruhesystem des Äthers aus. Der Einfachheit halber nehmen wir an, dass sich die Apparatur momentan mit dem Geschwindigkeitsbetrag v in Rich-

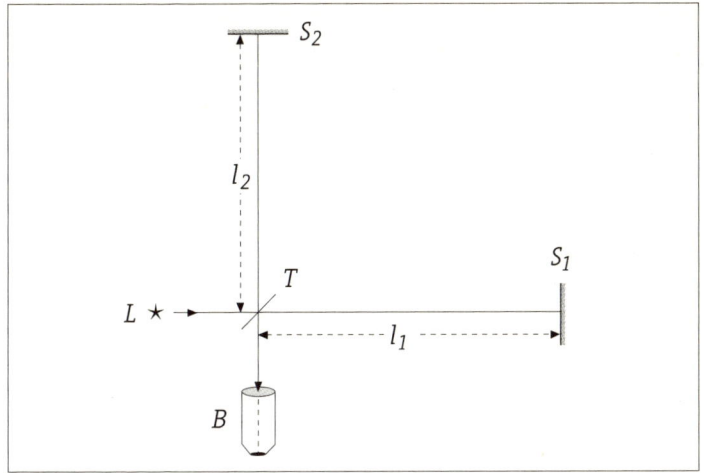

Abb. 6: Das Michelson-Morley-Experiment.

tung des ersten Strahls, also in Richtung TS_1, relativ zum Äther bewegt. Von T nach S_1 läuft der Lichtstrahl in Bewegungsrichtung der Apparatur gegen den Ätherwind und hat relativ zu ihr die Geschwindigkeit $c-v$. Auf dem Weg zurück von S_1 nach T läuft er entgegen ihrer Bewegungsrichtung und hat dementsprechend die Relativgeschwindigkeit $c+v$. Zusammen ergibt sich eine Laufzeit von T nach S_1 und zurück von

$$T_1 = \frac{l_1}{c-v} + \frac{l_1}{c+v} = \frac{2l_1}{c}\,\gamma^2 \,, \tag{14}$$

wobei wir hier und im Folgenden zur Abkürzung setzen:

$$\beta = \frac{v}{c} \quad \text{und} \quad \gamma = \frac{1}{\sqrt{1-\frac{v^2}{c^2}}} \,. \tag{15}$$

Man nennt γ den zur Geschwindigkeit v gehörigen »γ-Faktor« und schreibt auch $\gamma(v)$.

Zur Beurteilung der Lichtlaufzeit von T nach S_2 und zurück betrachten wir Abb. 7. Zu beachten ist, dass sich das vertikal angeordnete Paar von Strahlteiler und zweitem Spiegel während des Lichtlaufes selbst in horizontaler Richtung bewegt. In Abb. 7 bezeichnet T, S_2 dieses Paar zum Zeitpunkt, in dem der Lichtstrahl T trifft, T', S'_2 zum Zeitpunkt, in dem der Lichtstrahl S_2 erreicht, und schließlich T'', S''_2 zu dem Zeitpunkt, in dem der Lichtstrahl zu T zurückkehrt. Wir bezeichnen ferner mit τ die vom Licht benötigte Zeitspanne, um von T zum zweiten Spiegel zu gelangen. Dieser hat sich in dieser Zeitspanne von S_2 nach S'_2 um die Strecke $v\tau$ weiterbewegt. Ebenso hat sich der Strahlteiler in der Zeitspanne τ, die das Licht auf dem Weg zurück vom Spiegel zum Strahlteiler benötigt, um die Strecke $v\tau$ von T' nach T'' bewegt. Wegen der Rechtwinkligkeit der Dreiecke $TT'S'_2$ bzw. $S'_2T'T''$ und der angegebenen Streckenlängen ist nach dem Satz des Pythagoras $c^2\tau^2$ gleich der Summe $l_2^2 + v^2\tau^2$, was leicht nach τ aufgelöst werden kann. Daraus ergibt sich sofort die Laufzeit in der Vertikalkomponente:

$$T_2 = 2\tau = \frac{2l_2}{c}\,\gamma\,. \qquad (16)$$

Man beachte, dass sich dies von (14) dadurch unterscheidet, dass γ (vgl. (15)) hier linear, dort aber quadratisch eingeht.

Die unterschiedlichen Laufzeiten bedingen nun, dass eine Phase der Lichtwelle, die zu einem festen Zeitpunkt von der Quelle L emittiert wurde, nicht gleichzeitig beim Beobachter B eintrifft. Betreibt man das Experiment mit monochromatischem Licht der Frequenz ν, so kommt das über den Spiegel S_1 laufende Licht um die feste Anzahl

$$N = \nu(T_1 - T_2) \qquad (17)$$

von Phasen später an als das über S_2 laufende Licht, was sich in einem festen Interferenzmuster bei B äußert. Dreht man nun die Anordnung im Uhrzeigersinn um 90 Grad, so zeigt nun TS_2 in die Bewegungsrichtung relativ zum Äther und TS_1 senkrecht dazu. Durch

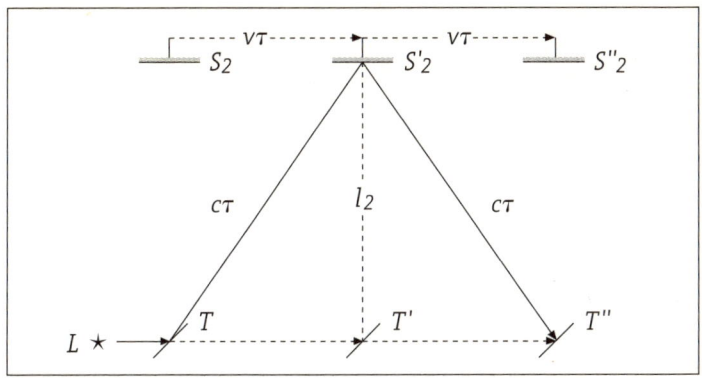

Abb.7: Transversaler Strahlengang im Michelson-Morley-Experiment vom Ruhe-system des Äthers aus gesehen.

einfache Wiederholung der obigen Argumentation ist klar, dass die neuen Lichtlaufzeiten T_1', T_2' entlang der Arme TS_1 bzw. TS_2 im gedrehten Zustand gegeben sind durch

$$T_1' = \frac{2l_1}{c}\gamma \quad \text{und} \quad T_2' = \frac{2l_2}{c}\gamma^2 . \tag{18}$$

Die Anzahl N' der Phasen, mit der nun das über den Spiegel S_1 laufende Licht hinter dem über S_2 laufenden zurückbleibt, ist nun gegeben durch

$$N' = \nu(T_1' - T_2') . \tag{19}$$

Die Differenz $N-N'$ entspricht daher gerade der Anzahl der Streifen, um die sich das Interferenzmuster in B während des Vorgangs der Drehung um 90 Grad verschiebt. Drückt man die Lichtfrequenz ν noch durch die Lichtwellenlänge $\lambda = c/\nu$ aus, so erhält man für diese Anzahl

$$\Delta N = N - N' = 2\frac{l_1 + l_2}{\lambda}\gamma\,(\gamma - 1) \approx \frac{l_1 + l_2}{\lambda}\beta^2 , \tag{20}$$

wobei der zweite Ausdruck der rechten Seite approximativ für kleine

Werte von β (vgl. (15)) gilt, also für Geschwindigkeiten v, die klein gegenüber der Lichtgeschwindigkeit c sind. Man beachte, dass β in (20) quadratisch eingeht, also der Effekt für kleine β stark unterdrückt ist, verglichen etwa mit Effekten linearer Ordnung wie der Aberration (10). Setzt man entsprechend der Bahngeschwindigkeit der Erde $\beta = 10^{-4}$ (ein Zehntausendstel), so ist $\beta^2 = 10^{-8}$ (ein Hundertmillionstel)! Michelson-Morley verwendeten gleiche Armlängen von effektiv (sie wurden in diesem Experiment vom Licht tatsächlich mehrfach durchlaufen, bevor sie zur Interferenz gebracht wurden) 11 Metern und Licht der Wellenlänge von 5900 Ångström ($5,9 \times 10^{-7}$ m) (was einem gelben Farbton entspricht), sodass sie erwarteten, eine Verschiebung von $\Delta N = 0{,}37$ zu sehen. Dabei war die Empfindlichkeit ihrer Apparatur so hoch, dass sie noch Streifenverschiebungen von einem Hundertstel hätten messen können, also fast einem Vierzigstel des zu erwartenden Effekts.

Das überraschende Ergebnis ihrer Messungen war jedoch, dass sie im Rahmen dieser Genauigkeit *keine* Verschiebungen maßen. Für die bisher beschriebene Äthertheorie bedeutete dies, dass die Relativgeschwindigkeit der Erde zum Äther wesentlich kleiner sein musste als die Bahngeschwindigkeit der Erde um die Sonne. Doch selbst wenn zufällig die Erde zum Zeitpunkt des Experiments relativ zum Äther ruht, so sollte nach einem halben Jahr ihre Relativgeschwindigkeit zum Äther sogar 60 Kilometer pro Sekunde betragen, da sie sich dann auf der diametral gegenüberliegenden Seite ihrer Bahn um die Sonne befindet, wo ihre Bewegungsrichtung genau gegenläufig ist. Deshalb ist das Experiment auch zu verschiedenen Jahreszeiten wiederholt worden, doch das Ergebnis war stets negativ.

Auch wurde gemutmaßt, dass vielleicht doch eine Mitführung des Äthers stattfindet – entgegen den Resultaten Fizeaus –, einerseits durch die tieferen und damit dichteren Schichten der Erdatmosphäre, andererseits durch die festen Gebäudewände, die das Experiment umgaben. Der historischen Entwicklung etwas vorausgreifend sei hier erwähnt, dass Dayton Miller (1866–1941), ein früherer Mitarbeiter Morleys, sogar noch 1921 das Michelson-Morley-Experiment in einer dünnwandigen Baracke auf dem Gipfel des Mount Wilson wiederholt, um einen möglichst ungebremsten Durchzug des Ätherwindes zu gewährleisten. Und tatsächlich schien seine erste Messung ein positives Resultat zu liefern, entgegen den Voraussagen der damals schon 16 Jahre bestehenden Speziellen Relativitätstheorie, was Einstein mit seinem seither berühmten Spruch kommentierte: »Raffiniert ist der Herrgott, aber boshaft ist er nicht.« In der Tat konnten Miller und seine Nachfolger das scheinbar positive Resultat nicht mehr reproduzieren, sodass man von einer Fehlmessung ausgehen muss, zumal die erreichte Genauigkeit wegen der beabsichtigten schlechten Abschirmung, die das Experiment allerlei Umwelteinflüssen aussetzte, nur etwa ein Drittel der des ursprünglichen Experiments von 1887 war. Mit überragender Präzision hat Georg Joos (1894–1959) in Jena das Experiment im Jahre 1930 wiederholt, in dem er die Genauigkeit fast auf den zehnfachen Wert des ursprünglichen Experiments steigern konnte. Auch er fand keinerlei Effekt eines möglichen Ätherwindes. Der **derzeitige experimentelle Status** **der SRT** übertrifft diese Genauigkeit um viele Größenordnungen.

S. 117

Die FitzGerald-Lorentz'sche Kontraktionshypothese. Kaum zwei Jahre nach dem Michelson-Morley-Experiment erschien in der amerikanischen Fachzeitschrift »Science« eine kurze Note des irischen Physikers George Francis FitzGerald (1851–1901) mit einem theoretischen Deutungsversuch des negativen Ausgangs. FitzGerald ging von der Vorstellung eines unbeweglichen (also nie mitgeführten) Äthers aus und stellte die zunächst wild spekulativ anmutende Hypothese auf, dass Maßverhältnisse eines gegenüber dem Äthersystem bewegten starren Körpers als Folge dieser Relativbewegung eine universelle – d.h. vom Material und dessen physikalisch-chemischen Eigenschaften unabhängige –, nur von der Relativgeschwindigkeit abhängige

Veränderung erleiden. FitzGeralds Note blieb weitgehend unbeachtet, bis im Jahre 1892 der holländische Physiker Hendrik Antoon Lorentz (1853–1928), wohl unabhängig von FitzGerald, mit einer fast identischen Idee aufwartete. Tatsächlich war eine solche Hypothese gar nicht so abwegig, wenn man sich auf einen atomistischen Standpunkt stellte und annahm, dass die Konstitution eines jeden festen Körpers ausschließlich durch die elektrostatischen Bindungskräfte elementarer Kraftzentren (Atome oder Moleküle) bestimmt ist. Es war nämlich durch die Arbeiten von Oliver Heaviside (1850–1925) seit 1888 bekannt, dass nach der Maxwell'schen Theorie das elektrische Feld einer bewegten Punktladung gegenüber dem einer ruhenden Punktladung in Bewegungsrichtung gestaucht ist. Dabei nahm man an, dass die Maxwell-Gleichungen sich ausschließlich auf das Ruhesystem des Äthers beziehen, sodass »bewegt« und »ruhend« relativ zum Äther zu verstehen sind. Demnach könnte man mutmaßen, dass sich auch ein starrer Körper in Bewegungsrichtung zusammenstaucht. Natürlich war es einstweilen unbekannt, ob tatsächlich alle im Inneren eines festen Körpers wirkenden Kräfte elektromagnetischer Natur sind. Das Beispiel zeigt jedoch, dass die FitzGerald-Lorentz'sche Hypothese nicht so unnatürlich war, wie es zunächst den Anschein haben könnte.

Um zu demonstrieren, wie diese Hypothese den Ausgang des Michelson-Morley-Experiments erklären kann, denken wir uns die Anordnung der Abb. 6 relativ zum Äther in Ruhe. Die Armlängen seien in diesem Zustand mit l_1^0 und l_2^0 bezeichnet. Bei Bewegung relativ zum Äthersystem nehme man an, dass alle Längen in Bewegungsrichtung mit dem Faktor A, alle senkrecht dazu mit dem Faktor B skaliert werden, wobei A und B von der Geschwindigkeit abhängen. Konkret bedeutet dies, dass das Vermessen eines Objektes *mit relativ zum Äthersystem ruhenden Maßstäben* dieses Skalierungsverhalten zeigt. Würde man hingegen das Objekt mit mitbewegten Maßstäben vermessen, so würde man keine Änderungen seiner

Maße feststellen, da wegen der Universalität auch die Maßstäbe in gleicher Weise von diesem Effekt betroffen wären. Wie bei der obigen Diskussion des Michelson-Morley-Experiments werden auch im Folgenden alle Angaben auf das Äthersystem bezogen. Setzt man nun die Anordnung relativ zum Äther mit dem Geschwindigkeitsbetrag v in Bewegung und bezeichnet man mit l_1 und l_2 die Längen der Arme im Falle der Bewegung in Richtung des ersten Arms und mit l_1' und l_2' nach Drehung der Apparatur, so gilt zufolge der Hypothese

$$A = \frac{l_1}{l_1^0} = \frac{l_2'}{l_2^0} \quad \text{und} \quad B = \frac{l_2}{l_2^0} = \frac{l_1'}{l_1^0} \, . \tag{21}$$

Benutzt man dies, um in obigen Ausdrücken (14) für T_1 und (16) für T_2 die Größen l_1 bzw. l_2 durch $A l_1^0$ bzw. $B l_2^0$ zu ersetzen, und verfährt man in derselben Weise in den Ausdrücken (18) für T_1' und T_2', wobei dort wegen der jetzt geänderten Bezeichnungsweise zunächst l_1 und l_2 als l_1' und l_2' geschrieben werden müssen, so erhält man anstatt (20) für die Anzahl der verschobenen Streifen den Ausdruck

$$\Delta N = 2 \, \frac{l_1^0 + l_2^0}{\lambda} \, \gamma \, (\gamma A - B) \, . \tag{22}$$

Der negative Ausgang des Michelson-Morley-Experiments, d.h. $\Delta N = 0$, wäre also durch die Hypothese erklärbar, dass der Skalierungsfaktor A für Längen in Bewegungsrichtung das $1/\gamma$fache des Skalierungsfaktors B für Längen senkrecht dazu ist, denn dann verschwindet der letzte Klammerausdruck auf der rechten Seite von (22). Insbesondere ist es hinreichend (aber zur Erklärung des Michelson-Morley-Experiments nicht notwendig), wenn man $A = 1/\gamma$ und $B = 1$ setzt, sodass transversal zur Bewegungsrichtung keine Längenänderung stattfindet, in Bewegungsrichtung jedoch eine Verkürzung (Kontraktion) mit dem Faktor $1/\gamma$. Dies entspricht genau dem oben bereits diskutierten Fall, der sich aus der Maxwell'schen Elektrodynamik ergab. Wir werden sehen, dass auch die Spezielle Relativitätstheorie zu dieser longitudinalen (d.h. in Bewegungsrichtung) Kontraktion führt, allerdings ohne dazu irgendeiner Äthervorstellung zu bedürfen. Wir betonen aber nochmals, dass das Michelson-Morley-Experiment zur Festlegung der Werte von A und B nicht ausreicht. Dies gelingt erst durch Hinzunahme der Experimente von **Kennedy-Thorndike** und **Ives-Stilwell**. Komplettiert werde diese dann noch durch solche Experimente, die gesondert die **Unabhängigkeit der Lichtgeschwindigkeit vom Bewegungszustand der Quelle** feststellen.

S.111
S.116
S.103

3. GRUNDZÜGE DER SRT

Aus der vorhergehenden Diskussion dürfte deutlich geworden sein, in welchen Spannungszustand die Physik des ausgehenden 19. Jahrhunderts versetzt war. Den empfand bereits der aufgeweckte Schüler Einstein. Kurz vor seinem Tode erinnert er sich an sein kurzes, aber sehr glückliches Jahr (1895–1896), das er im Schweizer Städtchen Aarau als Schüler der dortigen Kantonsschule verbrachte, in deren geistig-liberaler Atmosphäre sich der »kecke Schwabe« (Bezeichnung eines Mitschülers) weit wohler fühlte als in dem davor besuchten Münchner Gymnasium:

> »Während dieses Jahres in Aarau kam mir die Frage: Wenn man einer Lichtwelle mit Lichtgeschwindigkeit nachläuft, so würde man ein zeitunabhängiges Wellenfeld vor sich haben. So etwas scheint es aber doch nicht zu geben. Dies war das erste kindliche Gedanken-Experiment, das mit der speziellen Relativitätstheorie zu tun hat.«

Tatsächlich sagt die Maxwell'sche Theorie zwar elektromagnetische Wellen voraus, diese sollten sich gemäß der Theorie im materiefreien Raum aber immer mit der gleichen Geschwindigkeit c bewegen. Solange man an eine Äthertheorie glaubte, musste man also davon ausgehen, dass die Maxwell'schen Gleichungen sich ausschließlich auf das Äthersystem beziehen. Denn wären sie auch in einem dagegen schnell bewegten System gültig, etwa dem, das der Lichtwelle mit Lichtgeschwindigkeit hinterhereilt, dann müsste – wie Einstein oben bemerkt – der bewegte Beobachter eine stehende Lichtwelle vor sich sehen, die wiederum eine Lösung der Maxwell-Gleichungen sein muss. Letzteres ist aber nicht der Fall.

Eigentlich wissen wir schon, dass uns unsere Intuition hier einen Streich spielt, denn diese Schlussweise setzt implizit das klassische Additionsgesetz für Geschwindigkeiten (6) voraus, denn man nimmt ja an, dass sich die Welle bezüglich einem hinterhereilenden Beobachter gerade mit einer um die Beobachtergeschwindigkeit verminderten Geschwindigkeit ausbreitet, sodass sie bei Erreichen der Lichtgeschwindigkeit sogar relativ zu ihm ruht. Die Versuche von Fizeau und Michelson-Morley lassen aber an einer Gültigkeit dieses Additionsgesetzes für Vorgänge der Lichtausbreitung stark zweifeln. (Man beachte, dass die Experimente von **Kennedy und Thorndike** bzw. **Ives** S.111 **und Stilwell** erst nach Aufstellung der SRT erfolgten.) Dies war Ein- S.116 stein natürlich bekannt, obgleich er 1905 das Michelson-Morley-Experiment wohl nur aus einer Monographie von Lorentz aus dem Jahre 1895 kannte (vgl. Shankland 1964).

Typisch für das Denken Einsteins ist es, dass er der Elimination prinzipieller, sich an begrifflichen Problematiken orientierenden Schwierigkeiten keinen geringeren Stellenwert einräumte als der Überwindung experimenteller Widersprüche. Tatsächlich ist in Einsteins Arbeit »Zur Elektrodynamik bewegter Körper« von Experimenten, mit Ausnahme einer beiläufigen und wenig konkreten Nebenbemerkung (siehe den Beginn des unten wiedergegebenen Zitats) überhaupt nicht die Rede. Stattdessen widmet Einstein seine Eröffnungszeilen dem scheinbar ganz harmlosen und aus der Elektrotechnik wohl bekannten Tatbestand der Induktion, der jedem Elektromotor zugrunde liegt und bis heute ein Lieblingsthema der Schulphysik geblieben ist.

Zur Veranschaulichung des von Einstein feinsinnig hervorgehobenen Punktes ist in Abb. 8 ein U-förmiger Draht in der Papierebene liegend dargestellt. Senkrecht zur Papierebene verläuft ein Magnetfeld, das die Papierebene in der durch die Symbole ⊗ gekennzeichneten Region von unten nach oben durchstößt. Bewegt sich der Draht relativ zum Magnetfeld in der durch den Pfeil angedeuteten Richtung, so wird an den Drahtenden eine Spannung mit den dort angegebenen Vorzeichen induziert. Einstein weist nun darauf hin, dass diese Spannung nur von der Relativgeschwindigkeit des Drahtes zum Magnetfeld abhängt, obwohl für die Erklärung dieses Phänomens gemäß der damals vorherrschenden Auffassung der Elektrodynamik der Fall eines ruhenden Leiters und bewegten Magnetfeldes streng vom umgekehrten Fall eines ruhenden Magnetfeldes und bewegten Leiters unterschieden werden muss. Diese Unterscheidung war nach der damaligen Auffassung begrifflich deshalb sinnvoll, weil Ruhe und Bewegung immer bezüglich des Äthersystems verstanden wurden. Ist das Magnetfeld bewegt, also zeitabhängig, so würde nach den Maxwell-Gleichungen ein elektrisches Feld induziert, das so gerichtet ist, dass es im Innern des Leiters die Leitungselektronen zum unteren mit ⊖ gekennzeichneten Drahtende drängt, während sich am anderen Ende durch die dortige Elektronenknappheit eine positive Überschussladung bildet und somit eine Spannungsdifferenz zwischen den beiden Drahtenden herrscht. Ist hingegen der Leiter bewegt und das Magnetfeld statisch, so entsteht nach den Maxwell-Gleichungen kein elektrisches Feld. Dafür erfahren die im Leiter befindlichen Ladungen wegen ihrer Bewegung im Magnetfeld eine Kraft, die so genannte Lorentz-Kraft, die zum gleichen Effekt führt. Nach Schilderung dieses Sachverhaltes beendet Einstein seine Einleitung wie folgt:

>*Beispiele ähnlicher Art, sowie die mißlungenen Versuche, eine Bewegung der Erde relativ zum ›Lichtmedium‹ zu konstatieren, führen zu der Vermutung, daß dem Begriffe der absoluten Ruhe nicht nur in der Mechanik, sondern auch in der Elektrodynamik keine Eigenschaf-*

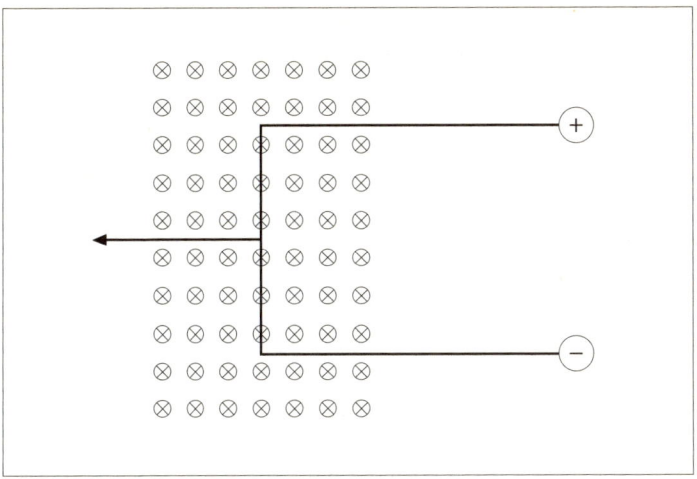

Abb. 8: Induktion einer Spannung in einem relativ zu einem Magnetfeld bewegten Draht.

ten der Erscheinungen entsprechen, sondern daß vielmehr für alle Koordinatensysteme, für welche die mechanischen Gleichungen gelten, auch die gleichen elektrodynamischen und optischen Gesetze gelten [..]. Wir wollen diese Vermutung (deren Inhalt im folgenden ›Prinzip der Relativität‹ genannt werden wird) zur Voraussetzung erheben und außerdem die mit ihm nur scheinbar unverträgliche Voraussetzung einführen, daß sich das Licht im leeren Raume stets mit einer bestimmten, vom Bewegungszustande des emittierenden Körpers unabhängigen Geschwindigkeit V [von uns c genannt] fortpflanze [...]. Die Einführung eines ›Lichtäthers‹ wird sich insofern als überflüssig erweisen, als nach der zu entwickelnden Auffassung weder ein mit besonderen Eigenschaften ausgestatteter ›absolut ruhender Raum‹ eingeführt, noch einem Punkte des leeren Raumes, in welchem elektromagnetische Prozesse stattfinden, ein Geschwindigkeitsvektor zugeordnet wird. Die zu entwickelnde Theorie stützt *sich – wie jede andere Elektrodynamik – auf die Kinematik des starren Körpers, da die Aussagen einer jeden Theorie Beziehungen zwischen starren Körpern (Koordinatensystemen), Uhren und elektromagnetischen Prozessen betreffen. Die nicht genügende Berücksichtigung dieses Umstandes ist die Wurzel der Schwierigkeiten, mit denen die Elektrodynamik bewegter Körper gegenwärtig zu kämpfen hat.«*

Auf den folgenden Seiten seiner Arbeit wird Einstein also zeigen, dass eine scharfe Fassung kinematischer Begriffe bereits ausreicht, um das Relativitätsprinzip auch in der Elektrodynamik zu etablieren – und das in Einklang mit dem Prinzip der universellen Konstanz der Lichtgeschwindigkeit! Der Äther als physikalisch wirksames Medium wird dabei begrifflich unnötig und damit eigentlich auch abgeschafft.

3.1 Der Begriff der Gleichzeitigkeit

Die Länge eines relativ zu uns unbewegten Objektes messen wir, indem wir es mit einem Maßstab vergleichen. Dabei können wir einen Maßstab mit äquidistanten Marken anlegen und dann in Ruhe erst die vordere und hintere Grenzmarke ablesen. Eins plus die Anzahl der zwischen ihnen liegenden Marken ergibt dann die gesuchte Länge in den gewählten Einheiten. Wie aber gingen wir vor, wenn das Objekt relativ zu uns bewegt ist und wir es mit einem relativ zu uns ruhenden Maßstab ausmessen wollten? Wir würden versuchen, im Moment des Vorbeifluges den Maßstab schnell anzulegen und *gleichzeitig* beide Grenzmarken ablesen. Der springende Punkt ist hier, dass die Ereignisse des Ablesens der beiden Grenzmarken räumlich getrennt sind. Um Längen bewegter Objekte zu messen und somit operational zu definieren, muss man also eine Definition von Gleichzeitigkeit räumlich distanter Ereignisse besitzen.

Auch der elementare Vorgang einer Bewegung – etwa der eines Eisenbahnzuges – beinhaltet Aussagen über gleichzeitige Ereignisse.

Wenn man sagt, dass der Zug zum Zeitpunkt t am Orte x eintrifft, so meint man, dass das Eintreffen des Zuges und das Springen der Zeiger der Bahnhofsuhr auf die Stellung t gleichzeitige Ereignisse sind. Um diese Feststellung der Gleichzeitigkeit sinnvoll treffen zu können, müssen sich Zug und Bahnhofsuhr in gewisser räumlicher Nähe zueinander befinden. Denn befindet sich die nächstgelegene Uhr in einer Entfernung d, so sehe ich ihre Zeigerstellung t erst um die Lichtlaufzeit d/c verspätet. Um den Zug nicht zu verpassen, darf d nicht zu groß sein, also etwa nicht größer als 18 Millionen Kilometer, denn dann sehe ich die Uhrzeit gerade mit einer Verspätung von einer Minute. Diese im vorliegenden Beispiel noch lächerlich wirkende Einschränkung wird umso ernster, je schnellere Bewegungsvorgänge man betrachtet. Hält etwa der »Zug« im Nanosekunden-Takt (1 Nanosekunde = 1 Milliardstel Sekunde = 10^{-9} s), so darf die Uhr nicht weiter als 30 cm entfernt sein. Schließlich ist klar, dass bei der Beschreibung von Bewegungsvorgängen nahe der Lichtgeschwindigkeit, wo die Lichtlaufzeit über eine Strecke d in derselben Größenordnung liegt wie die Bewegungszeit des betrachteten Objekts über dieselbe Strecke, man nur noch mit streng lokal definierten Zeiten operieren kann.

Denkt man sich nun in einem Inertialsystem K an jedem Raumpunkt eine ruhende Uhr identischer Bauart angebracht, so ist damit noch kein für die obigen Zwecke brauchbarer Begriff von »Zeit« definiert, denn diese Uhren könnten noch beliebig gegeneinander verstellt sein. Erst nachdem man die Uhren synchronisiert hat, kann man davon sprechen, dass eine Uhr am Punkt A und eine Uhr am Punkt B, deren Zeiger beide auf t zeigen, die »gleiche Zeit« anzeigen. Ein offensichtliches Verfahren der Synchronisation bestünde darin, eine einzelne bewegliche »Transportuhr« in Folge zu jedem Raumpunkt zu bewegen und jeweils die dort befindliche Uhr so zu richten, dass ihre Zeiger und die Zeiger der Transportuhr gleichzeitig (an diesem Raumpunkt) dieselbe Stellung einnehmen. Der Transport muss natürlich sehr vorsichtig geschehen, um den Gang der Transportuhr nicht durch mechanische Beeinflussung zu stören. Klarerweise ist das ein wenig praktikables Verfahren, wenn es sich um größere Distanzen handelt. Einstein schlägt deshalb vor, alle Uhren an ihren Plätzen zu lassen und mittels des Austausches von Lichtsignalen zu synchronisieren. Will man z.B. Uhr B mit Uhr A synchronisieren, so sendet man Lichtsignale von A nach B, von wo diese sofort nach A zurückreflektiert werden. Die Uhr B wird nun so justiert, dass Folgendes gilt: Seien $t_A^{(1)}$ und $t_A^{(2)}$ die mit dem Sende- bzw. Wiederempfangsereignis gleichzeitigen Zeigerstellungen der Uhr in A und t_B die mit dem Reflexionsereignis gleichzeitige Zeigerstellung der Uhr in B, dann ist

$$t_B = \frac{t_A^{(1)} + t_A^{(2)}}{2} \ . \tag{23}$$

Dies ist gleichbedeutend damit, dass die Lichtlaufzeit $t_B - t_A^{(1)}$ von A nach B gleich sein soll der Rücklaufzeit $t_A^{(2)} - t_B$ von B nach A. Ebenfalls äquivalent damit ist die Bedingung, dass zwei zu gleichen Zeitangaben $t_A = t_B$ gesendete Signale von A nach B bzw. von B nach A gleichzeitig den Mittelpunkt der Strecke $\overline{AB}$ passieren.

An diesem Punkt ist es ganz wesentlich, sich klarzumachen, dass einem eine solche Verabredung tatsächlich freisteht und nicht bereits durch andere, von einer Uhrensynchronisation unabhängigen Erfahrungstatsachen in Evidenz gesetzt wird. Nur die mit *einer* Uhr messbare Laufzeit kann zu einer Bestimmung des Wertes einer Lichtgeschwindigkeit herangezogen werden. Ist etwa d der Abstand zwischen A und B, so ist die mit der Uhr A gemessene *mittlere* Geschwindigkeit für Hin- und Rückweg zusammen durch den Quotienten $2d/(t_A^{(2)} - t_A^{(1)})$ gegeben. Die Einzelgeschwindigkeiten während des Hin- bzw. Rückwegs sind aber ohne eine Synchronisation beider Uhren gar nicht definiert.

Der Sinn einer Synchronisationsvorschrift liegt genau darin, dass sie es erlaubt, die Gleichzeitigkeit räumlich getrennter Ereignisse zu definieren, indem sie sie auf die Gleichzeitigkeit von Ereignissen an gleichen Raumpunkten zurückführt:

Definition der Gleichzeitigkeit. *Zwei Ereignisse an den getrennten Orten A und B heißen gleichzeitig, wenn die mit diesen Ereignissen gleichzeitigen Zeigerstellungen der an den entsprechenden Orten befindlichen synchronisierten Uhren übereinstimmen.*

Die aus der Einstein'schen Vorschrift resultierende Gleichzeitigkeitsdefinition zwischen Ereignissen, d.h. Punkten der Raum-Zeit, erfüllt folgende drei Bedingungen: 1) Jedes Ereignis ist mit sich selbst gleichzeitig; 2) ist p gleichzeitig zu q, so ist auch q gleichzeitig zu p; 3) ist p gleichzeitig zu q und q gleichzeitig zu r, so ist auch p gleichzeitig zu r. Man nennt allgemein Relationen zwischen Paaren von Punkten aus einer Menge eine »Äquivalenzrelation«, wenn sie diese drei Bedingungen erfüllt. Während die ersten beiden Bedingungen fast selbstverständlich erscheinen und hier keiner weiteren Diskussion bedürfen, ist die dritte Bedingung (Transitivität genannt) ganz wesentlich dafür, dass man konsistent nicht nur von der gegenseitigen Gleichzeitigkeit zweier Ereignisse sprechen kann, sondern auch von der gegenseitigen Gleichzeitigkeit beliebiger Mengen von Ereignissen. Insbesondere sieht man sofort ein, dass Folgendes gilt: Sind R_p und R_q die Mengen aller zum Ereignis p bzw. q gleichzeitigen Ereignisse (ihre »Äquivalenzklassen«), dann sind R_p und R_q entweder gleich oder disjunkt (haben keinen Punkt gemeinsam), können sich also nicht in einer echten Untermenge schneiden. Das bedeutet, dass die Einstein'sche Gleichzeitigkeitsdefinition die Raum-Zeit in untereinander disjunkte Untermengen zerlegt, die jeweils aus gleichzeitigen Ereignissen bestehen, so wie man es von einer vernünftigen Gleichzeitigkeitsdefinition auch erwarten sollte. Jetzt kommt der alles entscheidende Punkt: Die bisher diskutierte Uhrensynchronisation wurde an den im Inertialsystem K ruhenden Uhren vollzogen. Damit ist auch die daraus resultierende Gleichzeitigkeitsdefinition an das Inertialsystem K gebunden. Angenommen, wir wiederholen das Synchronisationsverfahren mit den im Inertialsystem K' ruhenden Uhren, wobei sich K' gegen K gleichförmig bewegt. Würde dies zu einer anderen Relation der Gleichzeitigkeit auf der Raum-Zeit führen? Genauer: Würde die nach dem zweiten Verfahren bestimmte Menge R'_p der zum Ereignis p gleichzeitigen Ereignisse eine andere sein als R_p? Die Antwort lautet: Ja! Die Einstein'sche Gleichzeitigkeit und damit auch alle darauf fußenden Begriffe sind nur relativ zu einem Inertialsystem definiert. Insbesondere trifft dies dann auch auf Längemessungen zu. Dies wird im nächsten Abschnitt genauer dargestellt werden.

Zum Schluss muss noch ein prinzipieller Punkt Erwähnung finden. Obwohl wir hier und im Folgenden stets von der Einstein'schen Vorschrift für die Synchronisation von Uhren ausgehen werden, sind natürlich auch andere Vorschriften denkbar. Diese würden dann u. U. zu einem anderen Gleichzeitigkeitsbegriff führen, der ja gemäß obiger Definition von der Wahl der Synchronisation abhängt. Dabei sei gleich herausgestellt, dass dies nicht für die oben bereits erwähnte **Synchronisation durch Transport von Uhren** zutrifft, die sich als zur Einstein'schen Definition äquivalent erweist. Die Einstein'sche Vorschrift ist gegenüber anderen durch eine Reihe von Eigenschaften ausgezeichnet, insbesondere der, dass sie dem Relativitätsprinzip genügt, denn die obige Vorschrift ist genauso mit gleichförmig bewegten Uhren von untereinander gleichen Geschwindigkeiten ausführbar. Wegen der universellen Konstanz der Lichtgeschwindigkeit folgt dann, dass die im Inertialsystem K synchronisierten Uhren auch von jedem anderen Inertialsystem K' aus beurteilt als untereinander (aber nicht mit den Uhren in K') synchronisiert erscheinen. Tatsächlich lässt sich die Vorzugsstellung der Einstein'schen Vorschrift auch mathematisch präzise charakterisieren (Giulini 2001).

S. 120

3.2 Die Lorentz-Transformation

Sei K' also ein Inertialsystem, das sich gegenüber K mit konstanter Geschwindigkeit v in x-Richtung bewegt. In beiden Systemen seien jeweils ruhende Uhren identischer Bauart mitgeführt, die gemäß Einsteins Vorschrift synchronisiert wurden. Wir fragen nach dem zu (3) analogen Gesetz für die Umrechnung raum-zeitlicher Koordinaten. Während dort der Zeitparameter t mit der Zeigerstellung einer Inertialzeituhr identifiziert wurde und man implizit annahm, dass diese Zeigerstellung instantan an die verschiedenen Raumpunkte kommuniziert werden könne, woraus die Beziehung $t = t'$ trivial folgte, wollen wir hier, den physikalischen Gegebenheiten Rechnung tragend, die Zeitparameter t und t' gemäß obiger Festsetzungen verstehen.

Wir betrachten zunächst einen in K' ruhenden Maßstab vom System K aus. Der bequemeren Darstellung halber tragen wir hier und im Folgenden stets ct statt t auf, wobei c die Lichtgeschwindigkeit ist. Die Einheit auf der ct-Achse hat also die physikalische Dimension einer Länge, genauso wie auf der x-Achse. Die Längeneinheit wird auf beiden Achsen durch die gleiche Intervalllänge repräsentiert, sodass die Weltlinien von Lichtstrahlen stets Geraden mit einer Neigung von 45° sind. In Abb. 9 sind die Weltlinien des vorderen und hinteren Stabendes die durchgezogenen Geraden, während m die Weltlinie (gestrichelt) der Stabmitte angibt. Der Punkt A auf der Weltlinie des hinteren Stabendes sei als Ursprung ($x = 0, t = 0$) des Koordinatensystems gewählt. Mit l ist die Weltlinie eines Lichtstrahls bezeichnet, der zum Zeitpunkt $t = 0$ bei $x = 0$ startend entlang der positiven x-Achse geschickt wird. Sein Schnittpunkt mit m sei M. Der Punkt E auf der Weltlinie des vorderen Stabendes ist nun eindeutig durch die Forderung bestimmt, dass ein von ihm in negativer x-Richtung abgeschickter Lichtstrahl (Steigung 45° gegen die negative x-Achse) zum selben Zeitpunkt die Stabmitte erreicht wie l, sich also

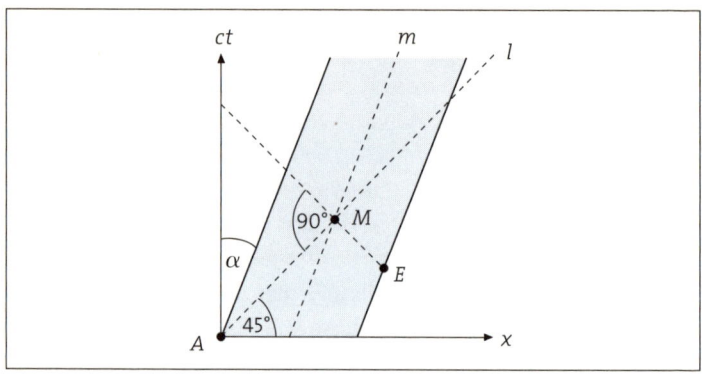

Abb. 9: Bewegter Stab.

mit l in M schneidet. Das ist nämlich nach der Einstein'schen Synchronisationsvorschrift gerade die Bedingung dafür, dass die Ereignisse A und E gleichzeitig bezüglich der Zeit t' in K' sind. Durch die Konstruktion dieses Punktes kennen wir bereits die Position der x'-Achse, denn diese besteht ja aus allen zum Ursprung A gleichzeitigen Ereignissen (wenn wir, wie gewohnt, die y- und z-Achsen unterdrücken) und ist als Gerade durch Angaben eines einzigen zu A gleichzeitigen Ereignisses vollständig bestimmt. Die Lage der ct'-Achse ist sowieso klar, da sie einfach die Weltline des in K' ruhenden Raumpunktes $x'=0$ ist. In unserer Zeichnung fällt sie mit der Weltlinie des hinteren Stabendes zusammen und hat gegen die ct-Achse die Steigung $tan\,\alpha = v/c$.

Wir zeigen nun weiter, dass die x'-Achse gegen die x-Achse um denselben Winkel α geneigt ist wie die ct'-Achse gegen die ct-Achse. Dazu betrachten wir Abb. 10, in der wir nunmehr die x'- und ct'-Achse des Systems K' eingezeichnet haben. Außerdem haben wir die Strecke $\overline{EM}$ verlängert und ihre Schnittpunkte mit den vier Achsen mit C, B, D, E benannt. Da es sich um die Verlängerung der Weltlinie eines Lichtstrahls handelt, schneidet sie die x- und ct-Achse unter 45°, wie

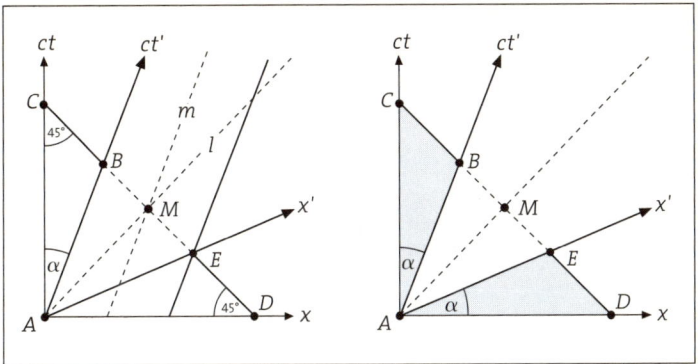

Abb. 10: Zur Lorentz-Transformation.

bei C und D eingetragen. Also halbiert l die Strecke $\overline{CD}$. Da wegen der Parallelität der Weltlinien der Stabenden klarerweise auch die Strecken $\overline{ME}$ und $\overline{MB}$ gleiche Länge haben, sind auch $\overline{BC}$ und $\overline{DE}$ gleich lang. Also sind die im zweiten Bild nochmals hervorgehobenen Dreiecke ABC und ADE kongruent – sie gehen nach einer Spiegelung an l wechselseitig ineinander über –, und somit sind auch ihre Winkel an A gleich. Die Weltlinie l des Lichts verläuft also auch im System K' als Winkelhalbierende symmetrisch zwischen der x'- und der ct'-Achse. Wir fordern nun, dass auch in K' dieselbe Lichtgeschwindigkeit c resultiert. Deshalb legen wir nun fest, dass auch auf der x'- bzw. ct'-Achse die Längeneinheit durch kongruente Strecken repräsentiert wird. Man beachte, dass damit noch keine Aussage darüber gemacht wurde, wie sich die physikalische Längeneinheit repräsentierende Strecke des (x, ct)-Achsenpaares zu der des (x', ct')-Achsenpaares verhält. Insbesondere wird keine Gleichheit gefordert, was – wie sich gleich herausstellen wird – auch mit dem Relativitätsprinzip unvereinbar wäre.

Nun können wir uns auch die zu (3) analogen algebraischen Ausdrücke überlegen. Die Gleichung der x'-Achse ist ja durch $ct = x \tan \alpha$

gegeben und die der ct'-Achse durch $ct = x/\tan\alpha$, wobei $\tan\alpha$ $= \beta = v/c$. Die erste muss aus den (als linear vorausgesetzten) Transformationsgleichungen durch Setzen von $t' = 0$ folgen, die zweite durch Setzen von $x' = 0$. Also wird gelten:

$$x' = \gamma(x - \beta\,ct) \quad \text{und} \quad ct' = \gamma(ct - \beta\,x)\,, \qquad (24)$$

mit einem zunächst noch unbestimmten Faktor γ. Dieser darf (und wird) von v abhängen, allerdings nur von dessen Betrag und nicht auch vom Vorzeichen, denn sonst wäre eine Richtung vor der anderen ausgezeichnet. Er reguliert genau das bereits angesprochene Verhältnis zwischen den die physikalischen Einheitslängen im (x, ct)-bzw. (x', ct')-System repräsentierenden Strecken. Da in beiden Systemen jeweils diese Strecke auf beiden Achsen gleich gewählt wurde, ist der Faktor für die beiden Transformationsgleichungen in (24) derselbe.

So weit kommen wir mit der Forderung, dass die Ausbreitungsgeschwindigkeit des Lichtes in beiden Systemen dieselbe ist. Jetzt stellen wir die Erfüllung des Relativitätsprinzips als zweite Forderung. Bezüglich der Transformationsformeln (24) besagt es, dass diese nur abhängen von der Relativgeschwindigkeit der beiden Systeme und nicht etwa noch von einer Geschwindigkeit gegenüber einem bevorzugten Äthersystem. Für die analytische Darstellung bedeutet dies, dass *jede* Transformation auf ein mit der Geschwindigkeit v in Richtung der x-Achse bewegtes System von der angegebenen Form ist. Insbesondere muss dann die Rücktransformation von K' auf K diese Form haben, mit dem einzigen Unterschied, dass β durch $-\beta$ ersetzt wird, denn wenn K' gegenüber K mit v bewegt ist, ist K gegenüber K' mit $-v$ bewegt (was man auch streng begründen kann). Rechnet man aus (24) die Umkehrtransformation aus, so sieht man, dass diese Forderung festlegt, dass γ als Funktion von v durch den Ausdruck (15) gegeben ist. Auch kann man nun leicht zeigen, dass die bisher vernachlässigten y- und z-Koordinaten trivial, d. h. wie in (3) transformieren müssen. Denn allenfalls könnten sie mit einem Faktor multipliziert werden, gemäß $y'=\kappa y$ und $z'=\kappa z$, wobei κ wiederum nur vom Betrag der Geschwindigkeit abhängen dürfte. Da die Rücktransformation dann die identische Form hat (und wir von Spiegelungstransformationen und Drehungen, wo $\kappa=-1$ ist, absehen), muss $\kappa=1$ sein. Damit können wir die *Lorentz-Transformationen* angeben, die in der SRT die alten Galilei-Transformationen ablösen:

$$x' = \frac{x-vt}{\sqrt{1-\frac{v^2}{c^2}}}, \quad y'=y, \quad z'=z, \quad t'=\frac{t-\frac{v}{c^2}x}{\sqrt{1-\frac{v^2}{c^2}}}. \tag{25}$$

Ist die Geschwindigkeit v sehr klein gegen die des Lichts, also v/c sehr viel kleiner als eins, so gehen die Lorentz- in die Galilei-Transformationen über. Für große Geschwindigkeiten ergeben sich aber beträchtliche Abweichungen. Man beachte insbesondere, dass in der Lorentz-Transformation v vom Betrag her stets kleiner als c sein muss, denn sonst würde das Argument der Wurzeln negativ. Für die Galilei-Transformationen wäre eine solche Beschränkung der erlaubten Geschwindigkeiten nicht konsistent möglich, denn wegen des Additionsgesetzes (6) entsteht jede noch so große Geschwindigkeit aus der genügend häufigen Addition kleiner Geschwindigkeiten. Für die Lorentz-Transformationen ist die Beschränkung aber sinnvoll, da auch das Additionsgesetz ein anderes wird, wie wir noch sehen werden.

In K' entspricht die Verbindungsstrecke zwischen dem Ursprung und dem Punkt ($x'=1$, $t'=0$) einer physikalischen Einheitslänge. Gemäß (25) hat dieser Punkt bezüglich K die Koordinaten ($x=\gamma$, $ct=\beta\gamma$). Diese genügen der Relation $x^2-(ct)^2=1$, die eine Hyperbel beschreibt (in Abb. 11 in Blau eingezeichnet). Die physikalische Einheitslänge auf der x'-Achse ist also durch den Schnittpunkt der positiven x'-Achse mit dieser Hyperbel gegeben. Völlig analog ist das Einheitszeitintervall auf der positiven ct'-Achse durch den Schnittpunkt der Hyperbel $(ct)^2-x^2=1$ (in Abb. 11 in Grau eingezeichnet) mit der ct'-Achse gege-

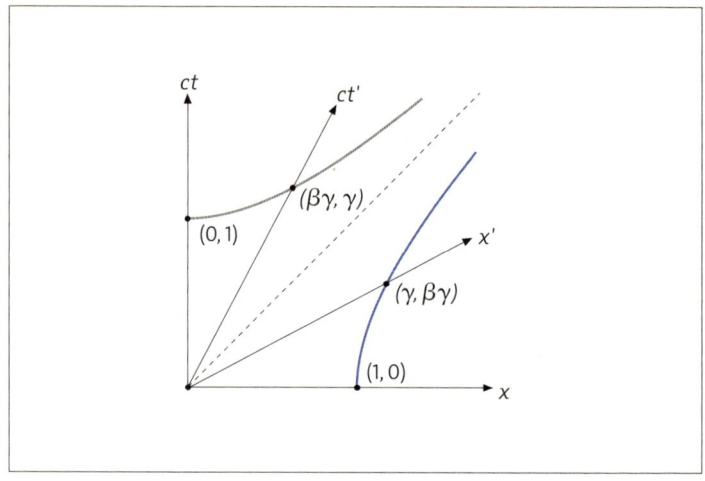

Abb. 11: Einheitslängen in K und K' für $\beta = 0{,}5$. Die Koordinatenangaben beziehen sich auf das (x, ct)-System.

ben. Man beachte, dass die so auf der x'- bzw. ct'-Achse abgetragenen Strecken bezüglich des durch die Euklidische Geometrie definierten Längenbegriffs das Längenquadrat $x^2 + (ct)^2 = \gamma^2(1 + \beta^2)$ haben (Satz des Pythagoras), was größer als eins ist. Deshalb sehen diese Strecken im Raum-Zeit-Diagramm auch länger aus, weil für die Abstandsverhältnisse auf unserem Zeichenblatt die Euklidische Geometrie Gültigkeit besitzt; vgl. Abb. 11. Das trifft aber nicht für die physikalisch definierten raum-zeitlichen Abstandsverhältnisse zu, die nach den oben angegebenen Regeln festgelegt werden. Wir dürfen also weiterhin die Euklidische Geometrie zur Diskussion von Raum-Zeit-Diagrammen heranziehen, müssen aber stets gewahr sein, dass physikalische Längen und Zeiten nicht einfach Euklidischen Abständen entsprechen, sondern nach obigen Vorschriften berechnet werden müssen, nach denen physikalische Einheitslängen auf den angegebenen Hyperboloiden liegen.

3.3 Längenkontraktion und Zeitdilatation

Vom System K aus betrachten wir eine in K' ruhende Uhr, etwa die bei $x'=0$. Sie bewegt sich entlang der positiven x-Achse mit der Geschwindigkeit v. Zum Zeitpunkt $t=0$ ist sie bei $x=0$ und hat die Zeigerstellung $t'=0$. Zum Zeitpunkt t ist sie bei $x=vt$ und hat eine Zeigerstellung, die sich aus der letzten Gleichung in (25) ergibt:

$$t' = t \cdot \sqrt{1 - \frac{v^2}{c^2}} \ . \tag{26}$$

Die gegenüber K bewegte Uhr geht also bezüglich der Zeit t, die durch die in K ruhenden Uhren definiert wird, um den Faktor $1/\gamma$ langsamer. Man beachte, dass alle Uhren als von identischer Bauart angenommen wurden. Würde die bewegte Uhr vorsichtig abgebremst und neben irgendeine der bereits in K ruhenden Uhren gestellt, so liefen beide gleich schnell. Natürlich gilt nach dem Relativitätsprinzip auch das Umgekehrte: Eine in K ruhende und damit gegen K' mit der Geschwindigkeit v entlang der negativen x'-Achse bewegte Uhr geht bezüglich der Zeit t', die durch die in K' ruhenden Uhren definiert wird, ebenfalls um denselben Faktor $1/\gamma$ langsamer. Diese Aussagen enthalten keinen logischen Widerspruch, denn es handelt sich ja keineswegs um die Behauptung einer wechselseitig gleichen Relation »langsamer als« zwischen zwei fest herausgegriffenen Uhren (die eine ruhend in K, die andere in K'): Im ersten Beispiel wird die Zeigerstellung einer festen K'-Uhr nacheinander mit den Zeigerstellungen zweier unterschiedlicher K-Uhren verglichen, während im zweiten Fall die Zeigerstellung einer festen K-Uhr nacheinander mit den Zeigerstellungen zweier unterschiedlicher K'-Uhren verglichen wird. Nur in diesem Sinne darf man das häufig zitierte, aber leider auch etwas irreführende »bewegte Uhren gehen langsamer« verstehen. Den in (26) ausgedrückten Sachverhalt nennt man »Zeitdilatation«.

Eine ganz ähnliche Aussage gilt für Längenmessungen. Dazu betrachten wir einen in K' ruhenden Maßstab, dessen Anfangspunkt bei $x'=0$ und dessen Endpunkt bei $x'=l'$ ruht. Seine Länge wird im System K' bezüglich der dort ruhenden Einheitsmaßstäbe definiert und beträgt deshalb gerade l'. Ein in K ruhender Beobachter, dem gegenüber der Stab sich mit der Geschwindigkeit v entlang der x-Achse bewegt, definiert die »Länge« des Stabes durch den Abstand zwischen zwei bezüglich der t-Zeit gleichzeitigen Lagen seiner Endpunkte. Wählt man in K etwa die Zeit $t=0$, so ist die Lage des Anfangspunktes bei $x=0$. Die gleichzeitige Lage l des Endpunktes auf der x-Achse ergibt sich als der x-Wert, den man aus der ersten der Gleichungen (25) bestimmt, wenn man dort $x'=l'$ und $t=0$ setzt:

$$l = l' \cdot \sqrt{1 - \frac{v^2}{c^2}} \ . \tag{27}$$

Der bewegte Stab ist also bezüglich des durch die in K ruhenden Maßstäbe definierten Längenbegriffs um den Faktor $1/\gamma$ verkürzt. Wieder ist zu betonen, dass die in K und in K' ruhenden Maßstäbe von physikalisch identischer Konstitution angenommen werden. Bremst man den in K' ruhenden Einheitsmaßstab vorsichtig ab und legt ihn neben einen bereits in K ruhenden, so sind beide gleich lang. Auch gilt wieder, dass ein in K ruhender Maßstab vom System K' aus beurteilt ebenfalls um denselben Faktor verkürzt erscheint, wie es nach dem Relativitätsprinzip auch sein muss. Und wieder liegt darin natürlich kein logischer Widerspruch, da es sich erneut hier nicht um die Behauptung einer wechselseitigen Relation »kürzer als« zweier bestimmter Maßstäbe (einer in K ruhend, der andere in K') handelt: Im ersten Fall bezieht sich die in K gemessene Länge auf den Abstand gleichzeitiger Lagen der Endpunkte bezüglich der t-Zeit, während sich im zweiten Fall die in K' gemessene Länge auf gleichzeitige Lagen der Endpunkte bezüglich der t'-Zeit bezieht. Auch hier gilt wieder, dass dies durch ein einfaches »bewegte Maßstäbe sind verkürzt« etwas missverständlich dargestellt wird. Den durch (27) ausgedrückten Sachverhalt nennt man Längenkontraktion (alternativ auch Lorentz- und/oder FitzGerald-Kontraktion).

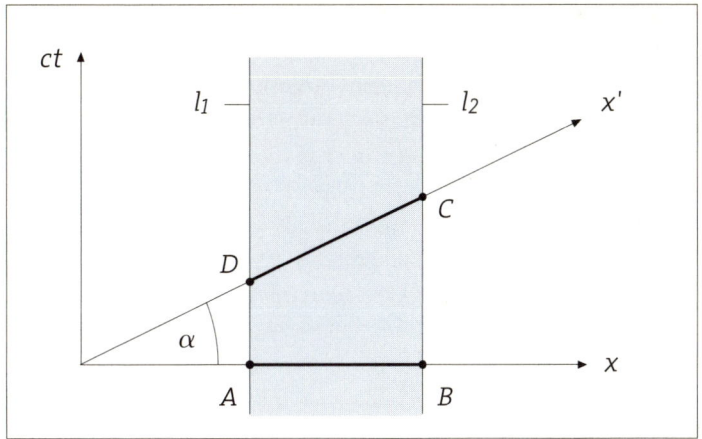

Abb. 12: Weltfläche eines in K ruhenden Stabes.

Wir wollen uns die zuletzt gemachten Aussagen nochmals im Raum-Zeit-Diagramm Abb. 12 geometrisch vergegenwärtigen. Dazu betrachten wir einen in K ruhenden (idealisiert eindimensionalen) Stab der Ruhelänge l. Seine beiden Enden beschreiben die Weltlinien l_1 und l_2. Das dazwischen liegende schattierte Gebiet besteht aus all den Ereignissen, zu denen der Stab »ist«, das heißt, dass sich zu diesem Zeitpunkt an diesem Ort ein Materieelement des Stabes befindet. Man nennt dieses Gebiet die »Weltfläche« des Stabes. Die im System K zum Zeitpunkt $t=0$ gleichzeitig registrierten Punkte der Weltfläche bilden die Strecke $\overline{AB}$, die man »den Stab zur Zeit $t=0$ bezüglich K« nennen kann. Die im System K' zum Zeitpunkt $t'=0$ gleichzeitig registrierten Punkte der Weltfläche bilden die Strecke $\overline{DC}$, die man mit gleicher Berechtigung »den Stab zur Zeit $t'=0$« bezüglich K' nennen darf. Obwohl die Strecke $\overline{DC}$ auf der Zeichnung um den Faktor $1/\cos\alpha = \sqrt{1+\beta^2}$ länger als die Strecke $\overline{AB}$ erscheint, entspricht sie physikalisch einer um den Faktor $1/\gamma$ kürzeren Länge, da das die physikalische Einheitslänge repräsentierende Intervall auf der x'-Achse um den Faktor $\gamma\sqrt{1+\beta^2}$ länger ist als das entsprechen-de Intervall auf der x-Achse, wie wir bereits oben festgestellt hatten. Vom Standpunkt einer konsequent vierdimensional gedachten Raum-Zeit kann man sagen, dass die Längenkontraktion ein Projektionsef-fekt ist, ähnlich denen, die sich bei zweidimensionalen Projektions-wiedergaben dreidimensionaler Objekte ergeben. So wie hier das dreidimensionale Objekt invariante Maße hat, die je nach Sichtwin-kel ein anderes Projektionsbild ergeben, ist gemäß der SRT nur das vierdimensionale Raum-Zeit-Geschehen invariant, während Aufspal-tungen in »Längen« und »Zeiten« sich erst durch beobachterabhän-gige Projektionen ergeben.

3.4 Geschwindigkeitsaddition

In diesem Abschnitt wollen wir das Analogon zum Galileischen Ad-ditionsgesetz (6) für Geschwindigkeiten in der SRT finden. Dazu be-trachten wir wieder ein Projektil, das sich gemessen in K' mit der Geschwindigkeit $\vec{u}'=(u'_x, u'_y, u'_z)$ bewegt, sodass seine Bewegungs-gleichungen bezüglich K' wieder durch (4) gegeben sind. Setzt man dies in (25) ein, so erhält man Beziehungen der Form $x = u_x t$, $y = u_y t$ und $z = u_z t$ mit

$$u'_x = \frac{u'_x + v}{1 + \frac{u'_x v}{c^2}} \ , \ u_y = u'_y \cdot \frac{\sqrt{1 - \frac{v^2}{c^2}}}{1 + \frac{u'_x v}{c^2}} \ , \ u_z = u'_z \cdot \frac{\sqrt{1 - \frac{v^2}{c^2}}}{1 + \frac{u'_x v}{c^2}} \ . \ (28)$$

Dies ist ein erstaunlich kompliziertes Gesetz und hat mit gewöhn-licher Vektoraddition nichts mehr zu tun, außer dass es im Grenzfall sehr kleiner Geschwindigkeiten (verglichen mit der Lichtgeschwin-digkeit) dahin näherungsweise übergeht. Tatsächlich ist die dadurch bestimmte mathematische Operation der Geschwindigkeitsaddi-tion, die wir hier kurz mit $\oplus$ bezeichnen wollen, und die aus den drei Komponenten der Projektilgeschwindigkeit $\vec{u}'$ in K' und den drei

Komponenten der Geschwindigkeit $\vec{v}$ von K' gegen K, die drei neue Komponenten $\vec{u} = \vec{v} \oplus \vec{u}\,'$ für die Geschwindigkeit des Projektils relativ zu K herstellt, weder kommutativ noch assoziativ. Es gilt also im Allgemeinen weder $\vec{v}_1 \oplus \vec{v}_2 = \vec{v}_2 \oplus \vec{v}_1$ noch $\vec{v}_1 \oplus (\vec{v}_2 \oplus \vec{v}_3) = (\vec{v}_1 \oplus \vec{v}_2) \oplus \vec{v}_3$, wie wir es von der Vektoraddition gewohnt sind.

Aus den Ausdrücken (28) folgt, dass der Betrag der Geschwindigkeit $\vec{u}$ stets kleiner als die Lichtgeschwindigkeit ist, sofern das auch für den Betrag von $\vec{u}\,'$ zutrifft (für $\vec{v}$ gilt es sowieso). Durch sukzessives Addieren von Unterlichtgeschwindigkeiten kann man also keine Geschwindigkeit mit einem Betrag gleich oder größer c bekommen. So ergibt sich zum Beispiel nach Addition von zweimal der halben Lichtgeschwindigkeit in x-Richtung gemäß der ersten Formel in (28) nicht c, sondern $4/5\,c$. Nun geht abgesehen von räumlichen Verschiebungen und Drehungen, die ja keinen Einfluss auf Geschwindigkeitsbeträge haben, jedes Inertialsystem aus jedem anderen durch Anwendung einer Lorentz-Transformation hervor. Also ist der Geschwindigkeitsbetrag eines Objekts, von dem bekannt ist, dass es sich in einem Inertialsystem mit Unterlichtgeschwindigkeit bewegt, für das also insbesondere auch ein Ruhesystem gefunden werden kann, in allen Inertialsystemen kleiner als c. Insbesondere trifft das für gewöhnliche materielle Objekte zu. Ähnliches gilt für den Fall von Überlichtgeschwindigkeiten, denn aus (28) folgt auch, dass der Betrag von $\vec{u}$ stets größer als c ist, wenn das für $\vec{u}\,'$ zutrifft. Hier können formal auch unendliche Geschwindigkeiten entstehen. Ein fiktiver Ausbreitungsprozess, der im System K' mit der Überlichtgeschwindigkeit $u'_x > c$ in Richtung der positiven x'-Achse stattfindet, wird von K aus beurteilt sogar unendliche Geschwindigkeit besitzen, wenn man $v = -c^2/u'_x$ setzt, wie aus der ersten Gleichung (28) sofort hervorgeht. Dabei bedeutet das Minuszeichen, dass sich K' gegenüber K in negativer x-Richtung bewegt, K also dem Signal in K' hinterhereilt. Läuft man also einem Ausbreitungsprozess, der sich mit Überlichtgeschwindigkeit ausbreitet, immer schneller hinterher, so scheint er sich trotzdem immer schneller von einem wegzubewegen, bis er schließlich unendlich schnell wird. Erhöht man die eigene Geschwindigkeit weiter (natürlich stets unterhalb der Lichtgeschwindigkeit), so kehrt sich die Ausbreitungsrichtung um (die Nenner in den Formeln (28) werden negativ), und der ganze Prozess kommt einem überlichtschnell entgegen! Das klingt natürlich alles ziemlich paradox und zeigt nur, dass sich innerhalb der SRT physikalische Prozesse, die auf kausalen Abhängigkeiten beruhen, nicht mit Überlichtgeschwindigkeit ausbreiten können. Dazu gehören insbesondere solche Prozesse, die der Informations- oder Energieübertragung dienen können, also auch das, was man Signale nennt. Es bedeutet aber nicht die prinzipielle Abwesenheit jedweder **Überlichtgeschwindigkeiten**.

S. 106

Zum Schluss führen wir eine ebenso einfache wie überzeugende Anwendung des Additionsgesetzes auf den Fizeau'schen Versuch an (vgl. Abschnitt 2.4). Sei K' das Ruhesystem des bewegten Mediums, relativ zu dem sich das Licht entlang der x'-Achse mit der Geschwindigkeit $u'_x = c/n$ bewegt. Sei weiter K das Laborsystem, relativ zu dem sich das Medium mit der Geschwindigkeit v entlang der x-Achse bewegt. Dann ergibt sich aus der ersten Gleichung (28) die Geschwindigkeit u_x, mit der sich das Licht relativ zum Laborsystem bewegt, zu

$$u_x = \frac{v + c/n}{1 + \frac{v}{cn}} \approx \frac{c}{n} + v\,(1 - n^{-2})\,. \tag{29}$$

Dabei haben wir durch das ≈-Zeichen eine Approximation angedeutet, die in der Vernachlässigung von Termen besteht, die gegenüber den angeschriebenen um mindestens eine Potenz in v/c unterdrückt sind. Da im Fizeau'schen (und verwandten) Versuchen v kleiner als 10 Meter pro Sekunde war, ist v/c kleiner als $3 \cdot 10^{-8}$ und die Approximation voll gerechtfertigt. Damit ist (29) identisch zu (11, 12). Der etwas mysteriöse Fizeau'sche Mitführungskoeffizient entpuppt sich in der SRT also als einfache Folge des allgemeinen Additionsgesetzes für

Geschwindigkeiten und ist nicht etwa Ausdruck einer komplizierten Wechselwirkung zwischen einem hypothetischen Äther und der Materie.

3.5 Kausalitätsverhältnisse

Wir haben im vorhergehenden Abschnitt gesehen, dass sich im Rahmen der SRT kausale Abhängigkeiten nicht mit Überlichtgeschwindigkeiten ausbreiten können. Wir wollen diese wichtige Folgerung nun auch geometrisch im Rahmen eines Raum-Zeit-Diagramms deuten. Diese Darstellung war in Einsteins Arbeit von 1905 noch nicht enthalten, sondern geht auf den Göttinger Mathematiker Hermann Minkowski (1864–1909) zurück, der 1909 in seinem sehr berühmt gewordenen Vortrag »Raum und Zeit« als Erster auf die Nützlichkeit der Darstellungstechnik durch Raum-Zeit-Diagramme hinwies (die deshalb mitunter auch »Minkowski-Diagramme« genannt werden) und auch sonst wesentlich zur heute üblichen mathematischen Formulierung der SRT beigetragen hat.

Sei K ein Inertialsystem, dessen (ct, x)-Achsen wir in Abb. 13 wiedergeben. Die Wellenfront eines am Ort $x = 0$ zur Zeit $t = 0$ gezündeten Lichtblitzes beschreibt in diesem Bild, in dem zwei Raumdimensionen unterdrückt sind, die zwei jeweils mit ℓ^+ bezeichneten Weltlinien, je eine für die Ausbreitung entlang der positiven bzw. negativen x-Achse. Die Vereinigung dieser beiden Halbgeraden nennt man den Zukunftslichtkegel ℓ^+ des Ereignisses $O = (x = 0, ct = 0)$ (in der Zeichnung durch • repräsentiert). Die Bezeichnung »Kegel« rührt daher, dass man bei Hinzunahme einer weiteren Raumdimension ein dreidimensionales Raum-Zeit-Diagramm erhält, das aus unserem durch Drehung um die ct-Achse hervorgeht. Die dann von ℓ^+ beschriebene Fläche ist ein zweidimensionaler Kegelmantel, dessen nach unten zeigende Spitze O ist; siehe dazu die Abbildung 26 auf der hinteren Innenseite des Schutzumschlages. Nach Hinzunahme auch

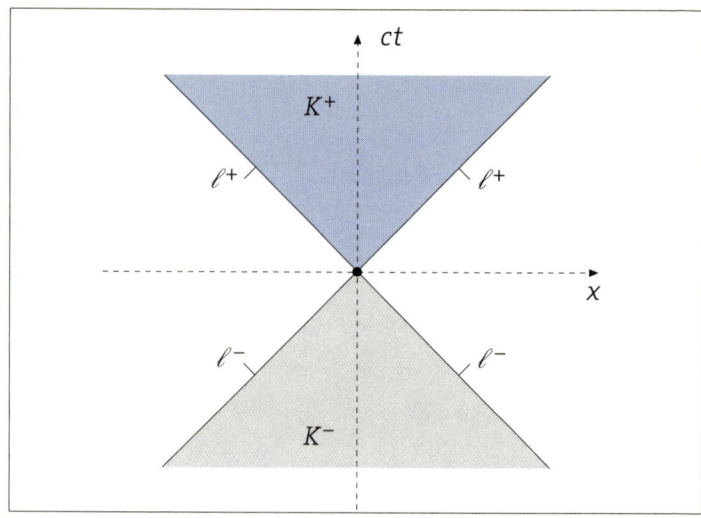

Abb. 13: Lichtkegel und kausale Abhängigkeitsgebiete für das Ereignis •.

der letzten noch fehlenden Raumdimension erhält man schließlich einen dreidimensionalen Kegel in einem vierdimensionalen Raum-Zeit-Diagramm, der allerdings etwas schwerer zu visualisieren ist. Auf dem Lichtkegel liegen nun alle Punkte der Raum-Zeit, die von O per Licht erreicht werden können. Das innere Gebiet des Kegels K^+ (blau) besteht aus allen Punkten, die von O mittels eines Prozesses erreicht werden können, der sich mit Unterlichtgeschwindigkeit ausbreitet, denn die Koordinaten (x, ct) von Punkten in diesem Gebiet erfüllen gerade die dazu notwendige und hinreichende Bedingung $|x| < ct$. Die Vereinigung von K^+ mit den Vorwärtslichtkegeln nennt man auch die *kausale Zukunft* von O, denn sie besteht gerade aus allen Ereignissen, die O kausal beeinflussen kann.

Analog bezeichnet ℓ^- die Weltlinien von Lichtstrahlen, die zum Zeitpunkt $t = 0$ bei $x = 0$ eintreffen. Die Vereinigung dieser Halbgera-

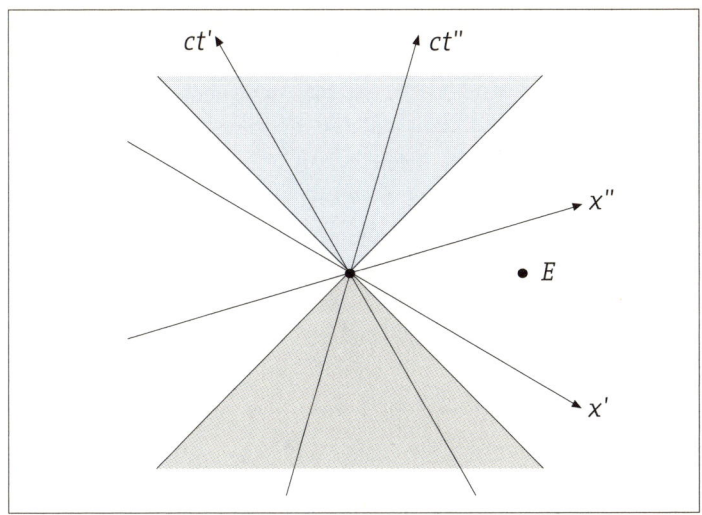

Abb.14: Ereignisse *E* im kausalen Komplement haben keine Lorentzinvariante Zeitordnung bezüglich *O*.

den nennt man den Vergangenheitslichtkegel ℓ^- des Ereignisses *O*. Auf ihm liegen alle Punkte der Raum-Zeit, die ein Lichtsignal nach *O* schicken können. Sein inneres Gebiet K^- (grau) besteht aus allen Punkten, die ihrerseits *O* mittels eines Prozesses erreichen können, der sich mit Unterlichtgeschwindigkeit ausbreitet. Die Vereinigung von K^- mit dem Rückwärtslichtkegel nennt man die *kausale Vergangenheit* von *O*, denn sie besteht gerade aus allen Ereignissen, die ihrerseits *O* kausal beeinflussen können.

Interessant ist auch das Gebiet außerhalb beider kausaler Abhängigkeitsgebiete von *O*. Es besteht aus allen Ereignissen, die von *O* weder kausal beeinflusst werden noch ihrerseits *O* kausal beeinflussen können. Man nennt es deshalb das *kausale Komplement* von *O*. Die Existenz solcher kausaler Komplemente ist eine Folge der endlichen Grenzgeschwindigkeit und ein Novum, das die SRT in die

Raum-Zeit-Vorstellung einführt. Für Ereignisse im kausalen Komplement von O macht es keinen absoluten Sinn zu sagen, sie hätten vor oder nach O stattgefunden. Denn gemäß der Lorentz-Transformation kann die x'-Achse eines anderen Inertialsystems jede Gerade durch O im kausalen Komplement sein. Somit gibt es für jedes Ereignis E im kausalen Komplement von O stets ein Inertialsystem K', für das E – bezüglich der Zeit t' in K' – später als O stattfindet und ebenso ein Inertialsystem K'', für das E – bezüglich der Zeit t'' in K'' – früher als O stattfindet (siehe Abb. 14). Anders ist es natürlich mit Ereignissen in K^+ und K^-, die *jeder* Inertialbeobachter bezüglich seiner Zeit zeitlich nach bzw. vor O anordnet.

3.6 Aberration und Doppler-Effekt

Die obigen Gesetze (28) der Geschwindigkeitsaddition besagen auch, dass der Betrag von $\vec{u}'$ genau dann dem der Lichtgeschwindigkeit c gleich ist, wenn das für den Betrag von $\vec{u}$ zutrifft (unabhängig von $\vec{v}$). Das muss gemäß der Ableitung der Lorentz-Transformation auch so sein, denn eine der zwei Grundforderungen war ja, dass die Ausbreitungsgeschwindigkeit des Lichtes in allen Inertialsystemen den gleichen Betrag hat. Einzig die Ausbreitungsrichtungen und Frequenzen des Lichtes können zwischen den verschiedenen Inertialsystemen variieren. Diese Variationen der Richtungen und Frequenzen in Abhängigkeit vom relativen Bewegungszustand zwischen Beobachter und Quelle nennt man Aberration (vgl. Abschnitt 2.4) bzw. Doppler-Effekt. Ihre Gesetzmäßigkeiten kann man sich relativ einfach klarmachen.

Wir wenden uns erst der Aberration zu. Dazu betrachten wir eine Lichtquelle L die relativ zum Inertialsystem K' in der $x'y'$-Ebene ruht. Im Ursprung von K' befinde sich ein Beobachter, der das von L ausgehende Licht empfängt und analysiert. Sei α' der Winkel zwischen der positiven x'-Achse und der Sichtrichtung vom Beobachter zur

Quelle. Da sich das Licht entlang dieser Sichtrichtung in umgekehrter Richtung, also von der Quelle zum Beobachter hin, mit der Geschwindigkeit c ausbreitet, ist die x'-Komponente dieser Geschwindigkeit gleich $u'_x = -c \cos \alpha'$. Im Inertialsystem K, relativ zu dem sich K' mit der Geschwindigkeit v entlang der x-Achse bewegt, befinde sich ebenfalls ein Beobachter im Ursprung. Von ihm aus gesehen bewegt sich also die Lichtquelle mit der Geschwindigkeit v parallel zur x-Achse. Zum Zeitpunkt $t = 0$ befinden sich die Beobachter am gleichen Ort, sehen jedoch die Lichtquelle nicht unter dem gleichen Sichtwinkel. Denn ist α der Sichtwinkel, unter dem die Quelle dem in K ruhenden Beobachter zum Zeitpunkt $t = 0$ erscheint, so gilt analog $u_x = -c \cos \alpha$, da sich das Licht ja auch bezüglich K mit c ausbreitet. Setzt man diese beiden Ausdrücke für u_x bzw. u'_x in die erste Gleichung (28) ein, so erhält man sogleich eine von v abhängige Beziehung zwischen den Winkeln α und α', hier durch ihren jeweiligen Cosinus vertreten (β und γ wieder wie in (15)):

$$\cos \alpha = \frac{\cos \alpha' - \beta}{1 - \beta \cos \alpha'} \; . \qquad (30)$$

Dies ist bereits die relativistische Aberrationsformel. Ihre Aussage wird noch durchsichtiger, wenn man diese Beziehung zwischen den Winkeln nicht durch den jeweiligen Cosinus, sondern durch den Tangens des halben Winkels ausdrückt:

$$\tan \frac{\alpha}{2} = \tan \frac{\alpha'}{2} \cdot \sqrt{\frac{1 + \beta}{1 - \beta}} \; . \qquad (31)$$

Da der Tangens des halben Winkels α eine monotone Funktion von α im relevanten Winkelbereich zwischen 0° (Quelle bewegt sich direkt vom Beobachter weg) und 180° (Quelle kommt direkt auf den Beobachter zu) ist, kann man sofort das qualitative Verhalten anhand von (31) angeben: Denkt man sich etwa in die Rolle eines Beobachters, der sich mit immer größerer Geschwindigkeit gegenüber dem Fixsternhimmel in Richtung eines festen Sterns S bewegt, und sei S' der S auf der Himmelssphäre diametral gegenüberliegende Stern, so werden sich alle anderen Sterne mit zunehmender Geschwindigkeit scheinbar von S' weg auf S zu bewegen, wobei S und S' selbst fest bleiben.

Wir kommen nun zum Doppler-Effekt. Dazu nehmen wir an, dass die in K' ruhende Lichtquelle L nur Licht einer festen Frequenz ν' erzeugt. Das bedeutet, dass der in K' gemessene zeitliche Abstand τ' zweier aufeinanderfolgender gleicher Lichtphasen durch $\tau'=1/\nu'$ gegeben ist. Wegen der Zeitdilatation (26) entspricht dies in K dem größeren Zeitintervall $\tau = \gamma\tau'$. Während dieses Zeitintervalls entfernt sich die Quelle L vom Beobachter um die zusätzliche Strecke $v\tau \cos \alpha$. Dies führt dazu, dass die am Ende dieses Zeitintervalls ausgesandte Lichtphase diese Strecke zusätzlich durchmessen muss und deshalb um die entsprechende Lichtlaufzeit $\beta\tau\cos\alpha$ später beim Beobachter eintrifft als die zu Beginn ausgesandte Lichtphase. Der Beobachter misst also Licht mit einer um diesen Betrag gegenüber τ erhöhten Schwingungsdauer. Da die Frequenz das Inverse der Schwingungsdauer ist, misst der Beobachter in K also die Frequenz

$$\nu = \frac{\nu'}{\gamma(1 + \beta \cos \alpha)} \, . \tag{32}$$

Dies ist das Gesetz des Doppler-Effektes in der SRT. Aufgrund der Aberration ist es wichtig zu unterscheiden, als Funktion welcher der beiden Winkel man die Frequenz ausdrückt. Wir haben hier α gewählt, da er der am Empfänger (System K) gemessene Winkelabstand zwischen Beobachtungsrichtung und Geschwindigkeitsrichtung der Quelle ist. Im Unterschied dazu ist α' der Winkel, den der mit der Quelle mitbewegte Beobachter (System K') zwischen dem emittierten Lichtstrahl und der Bewegungsrichtung des Empfängers misst. Die entsprechende Relation ergibt sich durch Ersetzen von $\cos \alpha$ in (32) gemäß (30) und wird weiter unten noch zur Anwendung kommen; siehe (41).

Mit Ausnahme des Faktors γ war die Formel (32) bereits Bestandteil der »vorrelativistischen« Physik. Dort wurde sie wie oben abgeleitet, jedoch ohne Berücksichtigung der Zeitdilatation, die gerade den Faktor γ hereinbringt. Da die obige Ableitung streng genommen nur voraussetzt, dass die Wellenausbreitungsgeschwindigkeit im System K in allen Richtungen die gleiche ist, erhält man auf die gleiche Weise eine gültige Formel für den Doppler-Effekt von Wasser- oder Schallwellen, wenn man das Ruhesystem des Wassers bzw. der Luft mit dem System K identifiziert (c ist dann entsprechend durch die Wellenausbreitungsgeschwindigkeit in diesen Medien zu ersetzen). Für den entgegengesetzten Fall einer im Medium ruhenden Quelle und eines gegen das Medium bewegten Beobachters würde man hingegen eine leicht modifizierte Gleichung erhalten. Ähnlich dachte man sich die Verhältnisse in einer Äthertheorie des Lichts. Dort sollte (32) (ohne den Faktor γ) für den Fall einer bewegten Quelle und einem gleichzeitig im Äther ruhenden Beobachter gültig sein, während der umgekehrte Fall wiederum erst durch eine leichte Modifikation von (32) richtig dargestellt würde. Diese Unterscheidung fällt nun in der SRT fort, da die Lichtgeschwindigkeit in allen Inertialsystemen isotrop und von immer demselben Betrag c ist. Der Doppler-Effekt ist deshalb nur von der Relativgeschwindigkeit zwischen Beobachter und Quelle abhängig und nicht noch zusätzlich vom Bewegungszustand gegenüber einem Äthersystem, das physikalisch dadurch ausgezeichnet wäre, dass nur in ihm die Lichtgeschwindigkeit in allen Richtungen die gleiche ist.

Eine sehr interessante Anwendung von (32) ergibt sich für den Fall, in dem die Beobachtungsrichtung exakt senkrecht zur Geschwindigkeitsrichtung steht, in dem also $\alpha = 90°$ und $\cos\alpha = 0$ gilt. Dann reduziert sich (32) auf

$$\nu = \nu' \cdot \sqrt{1 - \frac{v^2}{c^2}}, \qquad (33)$$

wobei die Verkleinerung von ν gegenüber ν' jetzt nur durch den hier ausgeschriebenen – Faktor γ herrührt, also eine direkte und ausschließliche Folge der Zeitdilatation darstellt. Man nennt diese Tatsache, dass auch bei Beobachtung senkrecht zur Geschwindigkeit eine Frequenzverschiebung eintritt, den »transversalen Doppler-Effekt«. Historisch war es bedeutsam, das Auftreten des γ-Faktors in (32) direkt experimentell zu verifizieren, was von Einstein bereits 1907 vorgeschlagen wurde, denn damit war auch ein direkter Test der Zeitdilatation gegeben. Dies gelang aber erst 1938 im Experiment von **Ives und Stilwell**.

S. 116

3.7 Längenkontraktion und visuelle Erscheinung

Die visuelle Erscheinung eines Objekts entsteht durch die im Auge des Beobachters (oder dem Objektiv seines Fotoapparats) *gleichzeitig eintreffenden* Lichtstrahlen. Da verschiedene Teile eines ausgedehnten Objekts verschiedene Entfernungen zum Auge besitzen, müssen folglich die entfernteren Teile ihr Licht früher absenden als die näher liegenden. Was ein Inertialbeobacher sieht oder fotografiert, sind also nicht die (bezüglich seiner Inertialzeit) gleichzeitigen Lagen der Teile eines Objekts. Andererseits haben wir die Geometrie eines Objekts und insbesondere seine Länge aber über die gleichzeitigen Lagen seiner Teile definiert und diesbezüglich die Längenkontraktion abgeleitet. Wie sieht also ein schnell bewegtes Objekt aus? Kann man die Längenkontraktion überhaupt sehen?

Wir wollen uns der Einfachheit halber auf ein Objekt spezialisieren, dessen Außenmaße klein gegenüber der Entfernung zum Beobachter sind, sodass die von ihm zum Beobachter gesendeten Lichtstrahlen in hinreichender Näherung alle als parallel angenommen werden dürfen. Ferner wollen wir annehmen, dass sich das Objekt im Moment der Wahrnehmung senkrecht zur Blickrichtung des Beobachters bewegt. Dann ist in (30) also $\alpha = 90°$ und folglich $cos\,\alpha' = \beta$. Das bedeutet, dass wir vom Objekt nicht die momentane 90°-Sei-

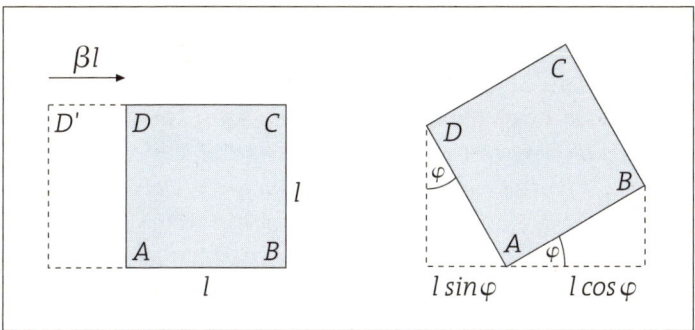

Abb. 15: Visuelle Erscheinung eines bewegten Würfels.

tenansicht sehen, sondern eine davon um den Winkel $\varphi = 90° - \alpha'$ verdrehte. Es gilt $\sin \varphi = \beta$ und $\cos \varphi = 1/\gamma$.

Damit ist aber noch nichts über eine mögliche Deformation gesagt. Um dies an einem Beispiel zu klären, nehmen wir weiter an, das Objekt sei ein Würfel, dessen Draufsicht in Abb. 15 dargestellt ist. Die Blickrichtung des Beobachters verläuft in der Papierebene von unten nach oben. Seine Kantenlänge im Ruhesystem sei l. Licht vom Punkt D hat zum Beobachter einen um die Strecke l längeren Weg als Licht vom Punkt A, muss also eine Zeitspanne l/c vor dem Licht von A emittiert werden. Zu dieser früheren Zeit befand sich aber der Würfel um die Strecke $vl/c = l\beta$ weiter links. Also sieht der Beobachter die Kante $\overline{AD}$, aber mit der Länge $l\beta$, so wie wenn der Würfel um den Winkel φ gedreht wäre. Wegen der Längenkontraktion sieht der Beobachter die Kante $\overline{AB}$ nur mit der Länge l/γ, ebenfalls so, als ob der Würfel um den Winkel φ gedreht wäre. Also sieht er einen *gedrehten, aber undeformierten* Würfel. Gäbe es keine Längenkontraktion, so sähe der Beobachter die Kante $\overline{AB}$ mit unverkürzter Länge γl und würde das Bild als einen um φ gedrehten Quader der Querdimension l und gestreckten Längsdimension l interpretieren. Die Pointe ist also, dass wir *wegen* der Längenkontraktion den Würfel wieder als undeformierten Würfel und nicht als verlängerten Quader sehen. Im Allgemeinen sind die Abbildungsverhältnisse komplizierter, insbesondere wenn die Objektdimensionen nicht mehr klein gegenüber der Objektentfernung sind. Man kann aber auch dann immer noch streng beweisen, dass z.B. das visuelle Bild einer Kugel stets wieder eine Kugel ist und nicht etwa ein in Bewegungsrichtung abgeplattetes Ellipsoid. Diese Sachverhalte betreffend die visuelle Erscheinung sind erstaunlicherweise erst lange nach Einsteins Arbeit richtig gestellt worden, zuerst 1924 in einer unbeachtet gebliebenen Arbeit von Anton Lampa und dann erst wieder in allerdings größerem Detail 1959 von James Terrell und Roger Penrose (unabhängig voneinander). Für interessante Computersimulationen sei auf die angegebenen Internetseiten verwiesen.

3.8 Masse, Impuls und kinetische Energie

Die Mechanik wurzelt begrifflich unmittelbar in den Grundkonzepten von Raum und Zeit. Werden diese, wie durch die SRT geschehen, neu formuliert, so wird man auch in der Mechanik einige Änderungen vornehmen müssen. Davon soll jetzt die Rede sein.

In der Newton'schen Mechanik gilt der Satz von der Impulserhaltung, der dort für den Spezialfall zweier zusammenstoßender Körper folgende Form annimmt: Seien $\vec{u}_1$ und $\vec{u}_2$ die Geschwindigkeiten zweier Körper vor dem Zusammenstoß und $\vec{v}_1$ und $\vec{v}_2$ ihre Geschwindigkeiten danach, dann gibt es zwei dimensionsbehaftete Zahlengrößen m_1 und m_2, sodass

$$m_1\vec{u}_1 + m_2\vec{u}_2 = m_1\vec{v}_1 + m_2\vec{v}_2 \ . \tag{34}$$

Dabei sind die Größen m_1 und m_2 vom Bewegungszustand der Körper unabhängig, hängen also insbesondere nicht von den Geschwindigkeiten ab. Damit stellt (34) ein universelles Gesetz dar, das für gegebene Anfangsgeschwindigkeiten $\vec{u}_1$ und $\vec{u}_2$ die Mannigfaltigkeit der möglichen Endgeschwindigkeiten $\vec{v}_1$ und $\vec{v}_2$ beschränkt. Die Größen m_1 und m_2 sind die Massen der beiden Körper, die das Trägheitsverhalten (wie z. B. die Zentrifugalkraft) bestimmen. Das Produkt aus Masse und Geschwindigkeit nennt man den Impuls. Gleichung (34) besagt also, dass die Summe der Impulse beider Körper vor und nach dem Stoß gleich sind. Die Newton'sche Kraft ist streng genommen definiert als die zeitliche Änderungsrate (Ableitung nach der Zeit) des Impulses. Erst wenn man in dieser Definition den Impuls durch das Produkt aus Masse und Geschwindigkeit ersetzt und eine Massenveränderlichkeit durch Zunahme oder Abgabe von Materie während der Bewegung ausschließt (wie es z. B. beim Raketenantrieb der Fall ist), erhält man die bekannte Gleichung (34).

Wir fragen nun, welche Form der Impuls als Funktion der Masse und der Geschwindigkeit in der SRT annimmt. Dabei lassen wir uns von der Forderung leiten, dass auch in der SRT ein Impulserhaltungssatz gelten möge; schließlich soll ja die Newton'sche Mechanik für gegenüber der Lichtgeschwindigkeit kleine Geschwindigkeitsbeträge approximativ gültig bleiben. Man kann leicht zeigen – was sich auch aus der gleich folgenden Betrachtung ergibt, dass die Gleichung (34) in der SRT *nicht* gültig sein kann. Als Reaktion darauf wird man versuchsweise annehmen, dass (34) gültig bleibt, wenn man zulässt, dass die Größen m_1 und m_2 doch von den jeweiligen Geschwindigkeiten abhängen, allerdings nicht von ihren Richtungen, sondern nur von ihren Beträgen, denn es soll dadurch keine Raumrichtung vor einer anderen ausgezeichnet werden. Wir nehmen also an, dass der Impuls $\vec{p}$ eines mit der Geschwindigkeit $\vec{u}$ bewegten Körpers durch einen Ausdruck der Form $m(u)\vec{u}$ gegeben ist, wobei $m(u)$ eine noch unbestimmte Funktion des Geschwindigkeitsbetrages u ist. Wir zeigen nun, dass diese Funktion durch die Forderung der Impulserhaltung eindeutig bestimmt ist.

Dazu führen wir zunächst wieder zwei Inertialsysteme K und K' ein, wobei sich K' gegen K mit der Geschwindigkeit v in Richtung der

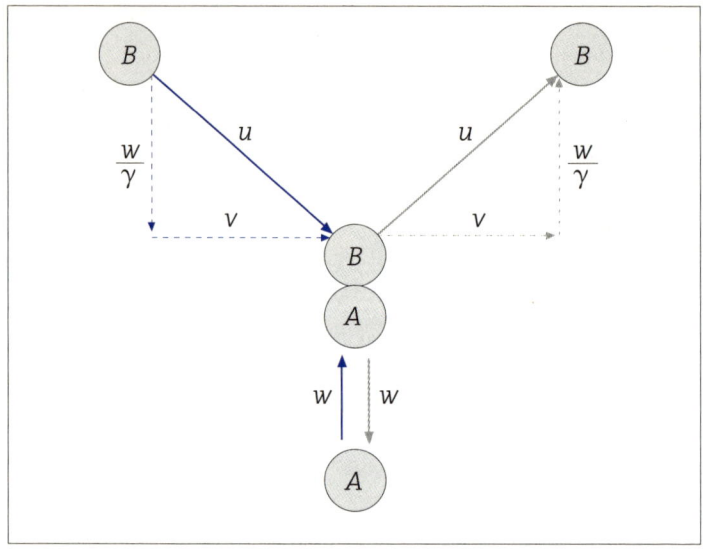

Abb. 16: Stoß vom System K aus beurteilt.

x-Achse bewegt. Wir betrachten den elastischen Zusammenstoß zweier physikalisch identischer, kugelförmiger Körper A und B. Dieser sei wie folgt arrangiert: Vor dem Stoß bewege sich der Körper A vom System K aus beurteilt mit dem Geschwindigkeitsbetrag w auf der negativen *y*-Achse in positiver Richtung (nach oben), während sich B vom System K' aus beurteilt ebenfalls mit demselben (Vorsicht: bezogen auf ein anderes Inertialsytem) Geschwindigkeitsbetrag w auf der positiven *y'*-Achse in negativer Richtung (nach unten) bewegt. Diese Bewegungen seien zeitlich so abgestimmt, dass sich die Oberflächen der Körper zum Zeitpunkt $t = t' = 0$ in den zu diesem Zeitpunkt gerade zusammenfallenden Ursprüngen beider Systeme K und K' berühren (dieser Moment gilt als Zeitpunkt des »Stoßes«). Nun kann die Kraft, die der eine Körper auf den jeweils anderen im Moment der Berührung ausübt, nur in Richtung der momentanen

Verbindungslinie beider Mittelpunkte wirken. Diese Verbindungslinie ist im Moment des Stoßes aber gerade durch die zu diesem Zeitpunkt zusammenfallenden y- bzw. y'-Achsen gegeben. Da der Stoß als elastisch vorausgesetzt war, ist klar, dass sich nach dem Stoß bei gleichbleibenden Beträgen die Geschwindigkeitsrichtungen genau umkehren. Nach dem Stoß bewegt sich also A von K aus beurteilt auf der negativen y-Achse mit dem Geschwindigkeitsbetrag w in negative Richtung und B von K' aus beurteilt auf der positiven y'-Achse mit dem gleichen Betrag in positive Richtung.

Wir beschreiben diesen Prozess nun in System K. Dort hat A die eben geschilderten Geschwindigkeitskomponenten. Die Geschwindigkeitskomponenten von B bezüglich K ergeben sich aus den Additionsgesetzen (28). Vor dem Stoß bekommen wir $u_x = v$ und $u_y = -w/\gamma$, danach $u_x = v$ und $u_y = w/\gamma$. Dies ist in Abb. 16 nochmals zusammengestellt. Darin sind die Geschwindigkeiten vor dem Stoß in Blau, nach dem Stoß in Grau eingezeichnet. Die gestrichelten Vektoren geben die eben zitierten x- bzw. y-Komponenten der Geschwindigkeit von B wieder, die sich zu den durchgezogenen Geschwindigkeiten mit dem Betrag

$$u = \sqrt{v^2 + (w/\gamma)^2} \qquad (35)$$

zusammensetzen. Da die »Masse« nun eine Funktion des Geschwindigkeitsbetrages ist, ist sie für A vor und nach dem Stoß $m(w)$, für B hingegen $m(u)$, wobei u durch (35) gegeben ist. Die x-Komponente des Impulses rührt nur von B her und ist offensichtlich erhalten. Sowohl für A als auch für B gilt, dass die y-Komponente des Impulses nach dem Stoß das Negative des Wertes vor dem Stoß ist. Also gilt dies auch für ihre Summe. Da Letztere erhalten sein soll, nach dem Stoß also den gleichen Wert wie vor dem Stoß besitzen soll, muss dieser Wert Null sein, d.h. $m(u)w/\gamma - m(w)w = 0$. Also ist die Forderung der Impulserhaltung gleichbedeutend mit

$$m(u) = \gamma m(w), \qquad (36)$$

wobei u für den Ausdruck in (35) steht. Diese Gleichung muss dann für alle Werte von v und w gelten, insbesondere für beliebig kleine Werte von w, also auch für $w = 0$. In diesem Grenzfall ist $u = v$ und man erhält (indem wir γ der Deutlichkeit halber auch ausschreiben) mit $m_0 = m(0)$:

$$m(v) = m_0\gamma = \frac{m_0}{\sqrt{1 - \frac{v^2}{c^2}}} \ . \qquad (37)$$

Dadurch ist m als Funktion der Geschwindigkeit bestimmt. Man verifiziert leicht, dass diese auch die allgemeine Gleichung (36) löst.

Damit ist der Impuls eines Körpers als Funktion seiner Geschwindigkeit wie folgt bestimmt:

$$\vec{p} = m(v)\vec{v} = m_0\gamma\vec{v} = m_0 \cdot \frac{\vec{v}}{\sqrt{1 - \frac{v^2}{c^2}}} \ . \qquad (38)$$

Hier ist m_0 eine für den Körper charakteristische, vom Bewegungszustand unabhängige Größe, die man die Ruhemasse des Körpers nennt. Sie ist am ehesten die Größe, die ein direktes Maß für die »Substanzmenge« darstellt, obwohl wir im nächsten Abschnitt auch ihre Abhängigkeit bzw. Äquivalenz zur inneren Energie des Körpers zeigen werden. Oft wird die Gleichung (38) Newtonsch gelesen, indem man als »Masse« per Definition die Größe bezeichnet, die mit der Geschwindigkeit multipliziert den Impuls liefert. Dann wäre $m(v)$ die »Masse«, also geschwindigkeitsabhängig. Der Grund dafür, warum man einen materiellen Körper nicht auf Lichtgeschwindigkeit beschleunigen kann, wird dann darin gesehen, dass seine »Masse« für v gegen c über alle Grenzen wächst. Im Alltagsleben ist dieser »Massezuwachs« bewegter Objekte absolut vernachlässigbar. Zum Beispiel geht eine Geschwindigkeit von 200 Stundenkilometern mit einem relativen Massezuwachs von nur Hundertbillionstel (10^{-14}) einher und selbst beim zweifachen Überschallflug sind es nur Billionstel (10^{-12}). Völlig anders ist die Situation in der Elementarteilchenphysik (vgl. Abschnitt 4.3), wo im Extremfall γ-Faktoren von bis zu tausend erreicht werden. Da es sich hier weiterhin um ein und dasselbe Teilchen handelt, ist es vom Standpunkt der SRT viel natürlicher, »Masse« stets als Ruhemasse zu identifizieren und hinzunehmen, dass der Impulsbetrag nicht mehr proportional zum Geschwindigkeitsbetrag ist. Dies entspricht auch der modernen Sprechweise.

Sobald man den Impuls als Funktion der Geschwindigkeit kennt, ist es eine Routinerechnung, auch die kinetische Energie als Funktion der Geschwindigkeit zu bestimmen. Denn die Kraft, die zum Beschleunigen nötig ist, ergibt sich aus der Ableitung des Impulses nach der Zeit und die dabei geleistete Arbeit aus dem Integral der Kraft entlang des Weges. Dies führt ausgehend von (38) nach wenigen Rechenschritten auf

$$E_{kin} = m_0 c^2 (\gamma - 1) = m_0 c^2 \cdot \left(\frac{1}{\sqrt{1 - \frac{v^2}{c^2}}} - 1 \right). \qquad (39)$$

Wie zu erwarten, wächst die kinetische Energie über alle Grenzen, wenn der Betrag der Geschwindigkeit an die Lichtgeschwindigkeit kommt. Für kleine Geschwindigkeiten ist $\gamma \approx 1 - v^2/2c^2$ und damit $E_{kin} \approx \frac{1}{2} m_0 v^2$, geht also in den Newton'schen Ausdruck über. Dieses Verhalten ist in Abb. 17 dargestellt. Dort ist nach oben die kinetische Energie in Einheiten der Ruheenergie aufgetragen und nach rechts die Geschwindigkeit in Einheiten der Lichtgeschwindigkeit. Die graue Kurve entspricht dem Newton'schen, die blaue dem Einstein'schen Ausdruck.

3.9 Die wohl berühmteste Formel der Physik

Als Nachtrag zu seiner Arbeit *Zur Elektrodynamik bewegter Körper* veröffentlichte Einstein noch im gleichen Band der Annalen der Physik eine kurze, kaum drei Seiten lange Betrachtung mit dem Titel: »Ist die Trägheit eines Körpers von seinem Energiegehalt abhängig?«.

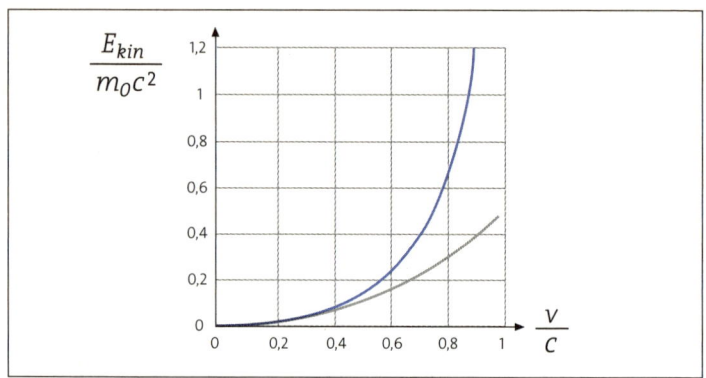

Abb. 17: Kinetische Energie als Funktion der Geschwindigkeit nach der Newton'-schen Mechanik (grau) und der SRT (blau).

Dabei ist mit Energiegehalt die innere Energie gemeint, denn wir haben ja bereits gesehen, dass die Trägheit eines Körpers – ausgedrückt durch den Term $m(v)$ – gemäß (37) von der Geschwindigkeit abhängt. Drückt man diese Abhängigkeit statt durch die Geschwindigkeit durch die kinetische Energie aus, so erhält man

$$m = m_0 + \frac{E_{kin}}{c^2} \ . \tag{40}$$

Die nun folgende Argumentation Einsteins zielt darauf ab, auch die Ruhemasse m_0 mit der Energie des Körpers in Zusammenhang zu bringen. Dazu sei ein im Inertialsystem K' ruhender Körper A betrachtet, der zu einem bestimmten Zeitpunkt, etwa $t'=0$, Energie in Form von Licht emittiert. Zur Vereinfachung der Diskussion wollen wir uns dabei der quantentheoretischen Vorstellung der Lichtquanten bedienen, die Einstein in seiner Nobelpreisarbeit des gleichen Jahres entwickelte, in seiner Arbeit zur SRT aber noch nicht verwandt hat. Wir nehmen also an, dass die Lichtemission in Form zweier Lichtquanten der Frequenz v' (gemessen in K') in diametralen Richtungen erfolgt. Dadurch bleibt der Körper A auch nach dem Emissions-

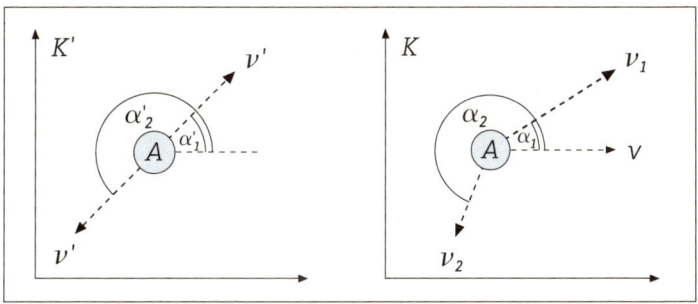

Abb. 18: Emission zweier Photonen durch den Körper A.

prozess in Ruhe, denn die durch »Rückstoß« vom jeweiligen Emissionsprozess auf ihn übertragenen Impulse sind vom gleichen Betrag, aber entgegengesetzt gerichtet und heben sich folglich auf. Die Energie jedes Lichtquants ist durch $h\nu'$ gegeben, wo h das Planck'sche Wirkungsquantum bezeichnet. Vom System K' beurteilt, verliert der emittierende Körper A also die Energie $\Delta E' = 2h\nu'$. Dies ist im linken Bild der Abb. 18 dargestellt.

Wir betrachten die Situation nun vom Inertialsystem K aus, dem gegenüber sich K' mit der Geschwindigkeit v bewegt. Dieser Situation entspricht das rechte Bild der Abb. 18. Da A in K' vor und nach der Emission ruht, bewegt sich A relativ zu K vor und nach der Emission mit der gleichen Geschwindigkeit v in x-Richtung, ändert also seine Geschwindigkeit durch den Emissionsprozess nicht. Dies gilt, *obwohl* die Emissionsrichtungen der Photonen von K aus beurteilt nun nicht mehr genau entgegengesetzt gerichtet sind, wie man z. B. anhand der Aberrationsformel (31) leicht nachprüft. Von K aus beurteilt, haben die Photonen auch unterschiedliche Frequenzen, die sich leicht aus dem Ausdruck (32) für den Doppler-Effekt ergeben. Dazu ist es im vorliegenden Fall günstiger, die in K gemessene Frequenz als Funktion des in K' gemessenen Winkels α' auszudrücken, was leicht durch Ersetzen von $\cos\alpha$ gemäß (30) geschieht. Man erhält:

$$\nu = \nu' \gamma \, (1 - \beta \, cos \, \alpha') \ . \tag{41}$$

Daraus ergeben sich dann die Frequenzen ν_1 und ν_2 der Photonen in K in Abhängigkeit ihrer in K' gemessenen Winkel α'_1 bzw. α'_2. Letztere unterscheiden sich aber um 180°, so dass $cos \, \alpha'_1 = -cos \, \alpha'_2$. Von K aus beurteilt ergibt sich die Gesamtenergie $\Delta E = h\nu_1 + h\nu_2$ der Photonen also zu

$$\Delta E = \gamma \Delta E' \ . \tag{42}$$

Selbstverständlich verlangen wir, dass in beiden Inertialsystemen der betrachtete Emissionsprozess in Einklang mit dem Energieerhaltungssatz steht. Bezeichnet E_{vor} bzw. E_{nach} die Gesamtenergie (innere plus kinetische) von A vor bzw. und nach dem Emissionsprozess bezüglich K und entsprechend E'_{vor} bzw. E'_{nach} bezüglich K', so muss gelten:

$$E_{vor} = E_{nach} + \Delta E \ ,$$
$$E'_{vor} = E'_{nach} + \Delta E' \ . \tag{43}$$

Per Definition ist die Differenz $E_{vor} - E'_{vor}$ gerade die kinetische Energie von A in K vor der Emission. Entsprechendes gilt nach der Emission. Subtrahiert man also in (43) die zweite von der ersten Gleichung und benutzt (42), so folgt für die Differenz der kinetischen Energien vor und nach der Emission:

$$\Delta E_{kin} = \Delta E' (\gamma - 1) \ . \tag{44}$$

Wir vergleichen dies nun mit dem allgemeinen Ausdruck (39) für die kinetische Energie. Da vor und nach der Emission die Geschwindigkeit von A die gleiche ist, kann eine Änderung der kinetischen Energie nur auf einer Änderung Δm_0 der Ruhemasse beruhen, hat dann also nach (39) die Form $\Delta m_0 c^2 (\gamma - 1)$. Ein Vergleich mit der rechten Seite von (44) liefert, wenn wir die Energieänderung $\Delta E'$ bezüglich des Ruhesystems von A nun etwas konsequenter mit ΔE_0 bezeichnen:

$$\Delta E_0 = \Delta m_0 c^2 \ . \tag{45}$$

Der Vollständigkeit halber sei erwähnt, dass wir statt des Erhaltungssatzes für die Energie auch den für den Impuls hätten benutzen können. Gemäß der Lichtquantenhypothese erleidet A im System K durch den Emissionsprozess einen »Rückstoß«, der einem Impulsübertrag in x-Richtung von $\Delta p_x = -\gamma(\Delta E'/c^2)v$ entspricht. Da sich v nicht ändert, muss sich folglich die Ruhemasse um den Betrag $\Delta m_0 = \Delta E'/c^2$ verringert haben. Dies drückt genau das angekündigte Resultat Einsteins aus: Die Ruhemasse, und damit die träge Masse im Allgemeinen, ist eine Funktion der inneren Energie. Erhöht man die innere Energie um den Betrag ΔE, so erhöht sich die Ruhemasse um $\Delta E/c^2$. Dabei scheint es offensichtlich, dass dieses Ergebnis unabhängig von der spezifischen Form ist, in der die entzogene oder hinzugefügte Energie innerhalb des Körpers vorgelegen hat bzw. vorliegen wird. Zusammen mit dem bereits in (40) festgestellten Zusammenhang zwischen träger Masse und kinetischer Energie ergibt sich also die Aussage, dass *jede* Energieänderung mit einer Änderung der trägen Masse einhergeht und umgekehrt. Die Ruhemasse eines Stücks Materie ist dann definiert als seine Masse im Ruhesystem seines Schwerpunkts, die sich jedoch zusammensetzen kann aus den Energien der diesen Körper konstituierenden Teilchen, einschliesslich ihrer kinetischen Energien, Bindungsenergien usw. Ein Stück Metall etwa hat in seinem Ruhesystem eine von seiner Temperatur abhängige Ruhemasse, denn Temperaturerhöhung bedeutet Erhöhung seiner inneren Energie in Form von kinetischer Energie der Moleküle bzw. Atome. In letzter Konsequenz führt dies zu einer Identifizierung der beiden Begriffe (träge) »Masse« und »Energie«, die ja physikalisch zunächst unabhängig voneinander definiert sind. Zusammenfassend schreibt man obige Gleichungen (40) und (45) dann für die Gesamtenergie (innere plus kinetische) in der heute jedermann bekannten Form

$$E = mc^2 \; . \qquad\qquad (46)$$

Die Gleichung gilt völlig allgemein. Nur in Anwendung auf bewegliche Körper, denen eine Geschwindigkeit zugeordnet werden kann und bei denen entsprechend die Unterscheidung zwischen innerer und kinetischer Energie sinnvoll ist, schreibt man dann gemäß (37) wieder $m = m_0\gamma$. In diesem Fall kann man E statt durch die (in γ steckende) Geschwindigkeit auch durch den Impuls (38) ausdrücken und erhält die einfache Beziehung

$$E^2 = p^2c^2 + m_0^2c^4 \; . \qquad\qquad (47)$$

Diese ist in der relativistischen Quantenmechanik und Quantenfeldtheorie von zentraler Bedeutung und kommt dementsprechend in der Atomphysik und Elementarteilchenphysik zur Anwendung. Wir werden darauf noch in den Abschnitten 4.1 und 4.3 zurückkommen. Impuls und Energie sind in der SRT zusammengehörende Größen, die unter einem Wechsel des Inertialsystems genau so ineinander transformieren wie Orts- und Zeitkoordinaten.

Quantitativ ist an der Gleichung (46) vor allem die Größe des »Umrechnungsfaktors« c^2 zwischen Masse und Energie bemerkenswert. In Einheiten von Metern und Sekunden ausgedrückt ist c^2 fast 10^{17}! Mit dieser Zahl ist also eine Masse in der Einheit Kilogramm zu multiplizieren, um die ihr entsprechende Menge an Energie in der Einheit Joule zu bekommen. Zum Beispiel beträgt das Massenäquivalent der Energie, die man benötigt, um ein Auto von zwei Tonnen Gewicht auf zweihundert Stundenkilometer zu beschleunigen, nur knapp vier hundertmillionstel Gramm genauer $3,4 \cdot 10^{-8}$ g. Diese enorme Größe von c^2 ist etwa in der Kernphysik von Bedeutung, wo sie z. B. die Deckung des Energiehaushaltes von Sternen erklärt und auch die effiziente Energiegewinnung durch Kernkraftwerke prinzipiell ermöglicht. Wir werden dies in Abschnitt 4.2 noch genauer besprechen.

3.10 Elektrodynamik: Invarianz der Maxwell-Gleichungen

Wir haben gesehen, dass die SRT einige Änderungen der Mechanik bedingt. Von mathematischer Seite können diese Änderungen als Folge der Forderung verstanden werden, die Bewegungsgleichungen der Mechanik invariant gegenüber Lorentz-Transformationen (anstatt Galilei-Transformationen) zu formulieren. So gehen heute die meisten Lehrbücher vor. Im Unterschied zu den Bewegungsgleichungen der Newton'schen Mechanik sind die Bewegungsgleichungen der Elektrodynamik – das sind die Maxwell-Gleichungen – von vornherein nicht invariant unter Galilei-Transformationen. Genau dies war lange Zeit die mathematische Ursache des Glaubens, dass die Maxwell'sche Elektrodynamik mit dem Relativitätsprinzip unvereinbar sei. Die Betrachtungen Einsteins lehren nun aber, dass darin eine unzutreffende Annahme steckt, nämlich die, dass der Wechsel zwischen Inertialsystemen – die ja physikalisch determiniert sind – mathematisch durch Galilei-Transformationen zu beschreiben wäre. Wie Einstein gezeigt hat, beruht diese Annahme aber auf einem physikalisch nicht zu rechtfertigenden Vorurteil über die Bedeutung raum-zeitlicher Relationen. Die physikalisch korrekte Implementation des Relativitätsprinzips muss auf mathematischer Ebene über die Lorentz-Transformationen erfolgen.

Der Punkt ist nun, dass die Maxwellgleichungen bereits Lorentzinvariant sind und somit, nach Einstein, auch das Relativitätsprinzip erfüllen. Das Interessante dieser Geschichte ist, dass der formale Aspekt daran, nämlich die mathematische Invarianz, bereits vor Einstein von Lorentz (1904) und Poincaré (1905) klar herausgearbeitet wurde, woraus sich übrigens auch die Bezeichnung *Lorentz*-Transformationen ableitet. Tatsächlich hatte sogar schon der Göttinger Physiker Woldemar Voigt (1850–1919) im Jahre 1887 eine solche Invarianz von formal den Maxwellgleichungen sehr ähnlichen Wellenausbreitungsgleichungen gesehen. Diese formale Eigenschaft wurde aber vor Einstein von keinem mit dem Relativitätsprinzip in Verbindung gebracht. Insbesondere wurde vor Einstein die Transformation der Zeit als rein formal und nicht in Verbindung mit einem physikalischen Zeitbegriff stehend angesehen.

Dass die Maxwellgleichungen Lorentz-invariant sind, bedeutet Folgendes: Seien K und K' zwei Inertialsysteme mit Koordinaten (x, y, z, t) bzw. (x', y', z', t'). Dann existiert eine eindeutig bestimmte Lorentz-Transformation L, die die ungestrichenen Koordinaten in die gestrichenen transformiert. Ein mit den Uhren und Maßstäben in K vermessenes elektrisches und magnetisches Feld habe, ausgedrückt als Funktion der Koordinaten in K, die Komponenten $\vec{E}$ (elektrisch) und $\vec{B}$ (magnetisch). Wir nehmen an, diese Felder erfüllen die Maxwellgleichungen in K. Dann existiert eine eindeutig bestimmte Transformation $(\vec{E}, \vec{B}) \rightarrow (\vec{E}', \vec{B}')$, sodass die neuen Felder die Maxwellgleichungen in K' erfüllen. Dabei entsprechen $(\vec{E}', \vec{B}')$ den Komponenten des elektrischen bzw. magnetischen Feldes vermessen mit den Uhren und Maßstäben in K' und ausgedrückt als Funktionen der Koordinaten in K'.

Als Beispiel wollen wir das Transformationsgesetz zwischen den elektromagnetischen Feldern für den Fall angeben, in dem sich K' gegen K mit der Geschwindigkeit v in Richtung der positiven x-Achse bewegt. Die Koordinaten transformieren dann wie in (25) und die Felder wie folgt (wir geben die Felder in K als Funktion der Felder in K' an):

$$E_x = E'_x, \quad E_y = \gamma(E'_y + vB'_z), \quad E_z = \gamma(E'_z - vB'_y),$$

$$B_x = B'_x, \quad B_y = \gamma(B'_y - \frac{v}{c^2}E'_z), \quad B_z = \gamma(B'_z + \frac{v}{c^2}E'_y). \tag{48}$$

Daran ist bemerkenswert, dass sich elektrische und magnetische Felder auch wechselseitig ineinander transformieren, die Aufspaltung zwischen »elektrisch« und »magnetisch« also vom Bewegungszustand des Beobachters abhängt. Sei also etwa das Feld in K' rein elektrisch ($\vec{B}' = \vec{0}$) und konstant, zeige also etwa immer in z'-Richtung mit konstanter Stärke E'_z. Dann misst ein in K ruhender Beobachter erstens ein um den Faktor γ verstärktes konstantes elektrisches Feld in z-Richtung und zweitens zusätzlich ein konstantes Magnetfeld in y-Richtung der Stärke $B_y = -\gamma v E'_z / c^2$.

Genau durch diesen Effekt wird schließlich auch die von Einstein zu Beginn seiner Arbeit so hervorgehobene Dichotomie in der Erklärung der Induktion vollständig beseitigt, denn nun sind wir frei, die Maxwellgleichungen sowohl im Ruhesystem des Magnetfeldes als auch im Ruhesystem des dagegen bewegten Leiters heranzuziehen. Die Aufspaltung eines elektromagnetischen Feldes nach elektrischen bzw. magnetischen Anteilen ist nun nicht mehr absolut durch ihr Auftreten in einem hypothetischen Äthersystem definiert, sondern abhängig vom Bewegungszustand des zur Beschreibung gewählten Inertialsystems. Betrachten wir dazu nochmals Abb. 8. Nach oben denken wir uns die y-Richtung und senkrecht zur Papierebene auf uns zu zeigend die z-Richtung. Dann existiert im Ruhesystem K' des Magneten in der durch die ⊗-Symbole gekennzeichneten Region ein statisches Magnetfeld der Stärke B'_z in z'-Richtung. Eine elektrische Feldkomponente existiert in K' weiterhin nicht, wohl aber im Ruhesystem K des Leiters, dem gegenüber sich K' mit der Geschwindigkeit v in positiver x-Richtung bewegt. Aus (48) folgt sofort, dass es sich in K um ein elektrisches Feld in y-Richtung vom Betrag $E_y = \gamma v B'_z$ handelt. Dies ist genau das vom Induktionsgesetz vorhergesagte elektrische Feld, das man durch Lösen der Maxwellgleichungen im System K erhält. Die Invarianz der Maxwellgleichungen unter Lorentz-Transformationen ersparen uns aber diese etwas mühevollere Prozedur. Die Invarianz sichert ja gerade, dass das Lösen in K' – das wegen der dort geltenden Statizität viel einfacher ist – und nachfolgende Transformieren auf K zum gleichen Ergebnis führen muss.

4. WEITERE KONSEQUENZEN UND ANWENDUNGEN DER SRT

4.1 Atomphysik

Die Atomphysik basiert wesentlich auf der Quantenmechanik, in der Ort und Impuls (nicht Ort und Geschwindigkeit) die fundamentalen Variablen sind. Zur Bestimmung der Energieniveaus eines Atoms geht man in der Quantenmechanik stets von der Relation zwischen Energie und Impuls aus, die in der SRT die in (47) wiedergegebene Form hat, die nur im Grenzfall sehr kleiner Geschwindigkeiten in die Newton'sche Beziehung $E = p^2/2m_0$ übergeht. Diese Änderung führt zu Korrekturen bei der Berechnung von Atomspektren. Eine zweite Ursache von Korrekturen ist das Transformationsgesetz (48), nach dem im momentanen Ruhesystem des relativ zum Atomkern bewegten Elektrons neben dem radikalen elektrischen Feld des Kerns auch ein Magnetfeld existiert, das mit dem magnetischen Moment des Elektrons wechselwirkt und dadurch zusätzliche Energiebeiträge liefert.

Im einfachsten und leichtesten Atom, dem des Wasserstoffs, das nur aus einem Proton (dem Kern) und einem Elektron besteht, erreicht das Elektron Geschwindigkeiten bis zu etwa sieben Tausendstel der Lichtgeschwindigkeit, sodass Effekte der SRT relative Korrekturen in der Größenordnung einiger 10^{-6} bis zu 10^{-5} erwarten lassen (Größenordnung von v^2/c^2). Diese können mit Hilfe der quantenmechanischen Störungstheorie relativ leicht berechnet werden. In führender Ordnung erhält man für die Summe der beiden oben diskutierten Effekte den folgenden einfachen Ausdruck, der die Energiekorrektur des Zustandes der Hauptquantenzahl n und Quantenzahl j des Gesamtdrehimpulses (Spin- plus Bahnanteil) angibt:

$$\Delta E_{nj} = E_1 \frac{\alpha^2}{n^3} \left(\frac{3}{4n} - \frac{1}{j + \frac{1}{2}} \right) \quad . \qquad (49)$$

Dabei ist $E_1 = 13,61\,eV$ der Betrag der unkorrigierten Grundzustands-energie des Wasserstoffatoms und $\alpha \approx 1/137$ die so genannte Fein-strukturkonstante. (*eV* bezeichnet die Energieeinheit »Elektronen-volt«.) Da diese so genannte »Feinstruktur« der Wasserstoffniveaus im Gegensatz zu den unkorrigierten Niveaus nicht nur von n, sondern auch von j abhängt, erhält man Aufspaltungen von vormals ener-getisch aufeinanderliegenden (entarteten) Quantenzuständen. Es sei noch erwähnt, dass das Niveauschema des Wasserstoffatoms weite-re jedoch noch kleinere Korrekturen und Aufspaltungen durch Einbe-ziehung der Quantenelektrodynamik (Lamb Shift) und der Dynamik des Atomkerns (Hyperfeinstruktur) erfährt. Addiert man diese zu den eben diskutierten relativistischen Korrekturen hinzu, so erhält man volle Übereinstimmung mit den Präzisionsdaten, die durch spek-troskopische Experimente am Wasserstoff gewonnen wurden.

4.2 Kernphysik

Atomkerne bestehen aus elektrisch positiv geladenen Protonen und den ungeladenen Neutronen, die man gemeinsam die Nukleonen nennt und die annähernd die gleiche Masse haben (tatsächlich ist das Neutron um etwa ein Promille schwerer als das Proton). Die An-zahl Z der Protonen entspricht der Ordnungszahl (Stellung im Perio-dischen System der Elemente) des zugehörigen chemischen Ele-ments, nach dem auch der Kern benannt wird. Die Gesamtanzahl A der Nukleonen heißt »Massenzahl«. Kerne mit gleichem Z, aber unterschiedlichem A, nennt man »Isotope«. Man schreibt zur genau-eren Charakterisierung eines Elements E die Ordnungs- und Mas-senzahl oft an das Elementensymbol in der Form $^A_Z E$, also z. B. $^4_2 He$ für Helium.

Ein Gebilde aus Protonen und Neutronen könnte nicht stabil zusammenbleiben, wenn es nicht eine entgegen der elektrostatischen Abstoßung der Protonen wirkende, anziehende Kraft gäbe: die Kernkraft oder starke Wechselwirkung. Die Existenz eines solchen stabilen Bindungszustandes bedeutet, dass die Gesamtenergie des gebundenen Zustandes kleiner ist als die Summe der Energien seiner Bestandteile. Den Differenzbetrag nennt man die Bindungsenergie. In der Atomphysik liegen die Bindungsenergien pro Elektronen im Bereich zweistelliger eV-Werte, während sie in der Kernphysik im Bereich einstelliger MeV-Werte pro Nukleon liegen, also dem Hunderttausendfachen.

Gemäß der universellen Beziehung $E=mc^2$ kommt auch dieser Bindungsenergie eine Masse zu, sodass der gebundene Zustand weniger Masse besitzt als der Summe seiner Bestandteile entspricht. Man spricht von einem »Massendefekt«. Wegen der Größe des Umrechnungsfaktors c^2 ist dieser Massendefekt zwar gewöhnlich extrem klein, doch sind in der Kernphysik die Bindungsenergien hinreichend groß, um gut messbare Massendefekte zu liefern. Dazu muss man wissen, dass Massen von Atomkernen sehr genau bestimmt werden können, besser als bis auf ein Millionstel der Masse eines Nukleons, während typische Massendefekte eher im Prozentbereich liegen. Zum Beispiel ist der Kern des Heliumatoms (so genannte α-Teilchen), der aus jeweils zwei Neutronen und Protonen besteht, um drei Prozent einer Nukleonenmasse leichter als die Summe seiner Nukleonenmassen, entsprechend einer totalen Bindungsenergie von knapp $30\,MeV$ oder $7\,MeV$ pro Nukleon.

Die Bindungsenergie pro Nukleon steigt mit zunehmender Nukleonenzahl fast bis auf den Wert von $8{,}8\,MeV$ an, der für Eisen und Nickel angenommen wird; vgl. Abb. 19. Die drei am stärksten gebundenen Kerne sind, nach steigenden Bindungsenergien geordnet, $^{56}_{26}Fe$, $^{58}_{26}Fe$ und $^{62}_{28}Ni$. Jenseits dieser Elemente fallen die Bindungsenergien wieder leicht ab. Grob gesprochen bedeutet das, dass man mit leichten

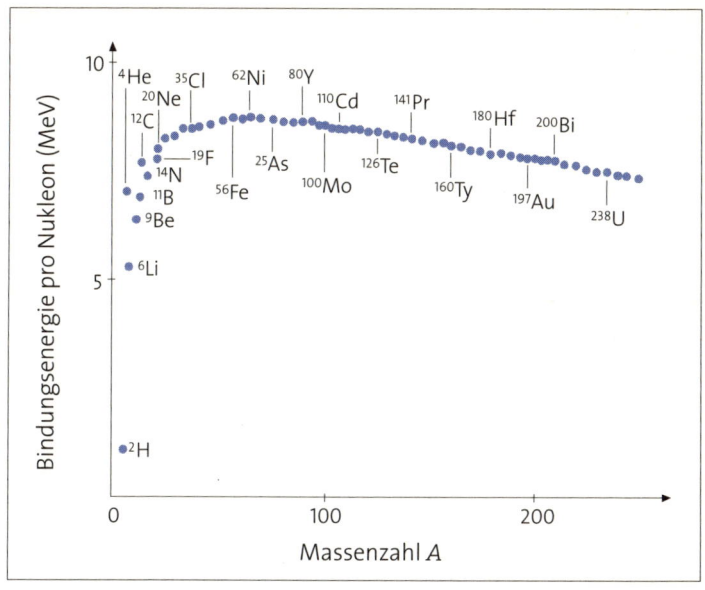

Abb. 19: Bindungsenergie pro Nukleon.

Kernen (relativ zu $A \approx 60$) Energie durch Fusion – also Zusammenset-zung zu schwereren Kernen – gewinnen kann, während die Spaltung – also Teilung in Bestandteile – von leichten Kernen Energie kostet. Umgekehrt kann man Energie duch Spaltung von schweren Kernen gewinnen. Die Energiegewinnung durch Fusion geht in natürlicher Weise z.B. in Sternen vor sich. So strahlt etwa unsere Sonne pro Sekunde fast $4 \cdot 10^{26}$ Joule ab; das entspricht einem Massenäquiva-lent von 4,4 Millionen Tonnen, um die die Sonne sekündlich leichter wird. Dieses Gewicht stammt nur aus der Bindungsenergie von Nu-kleonen, die gewonnen und abgestrahlt wird, wenn (über einen komplizierteren Prozess) vier Wasserstoffkerne $^1_1 H$ (Protonen) zu einem Heliumkern $^4_2 He$ verschmolzen werden, wobei zwei Positro-nen und zwei Neutrinos zurückbleiben. Da jeder dieser Prozesse etwa 30 MeV freisetzt, müssen pro Sekunde 10^{38} solche Prozesse in der Sonne ablaufen. Dadurch gehen der Sonne pro Sekunde $4 \cdot 10^{38}$ Wasserstoffatome verloren. Mit einem Wasserstoffanteil von etwa 70 % kann man aus der Masse der Sonne ($2 \cdot 10^{30}$ Kg) die Anzahl ihrer Wasserstoffatome zu 10^{57} überschlagen. Bei restloser Verbrennung würde dieser Brennstoffvorrat genügen, um die jetzige Verbrennungsrate maximal weitere 70 Milliarden Jahre aufrechtzuerhalten. (Tatsächlich wird sich die Brennrate erhöhen und auch nicht alles restlos verbrennen, sodass die Wasserstoff-zu-Helium-Fusion schon nach etwa 6 Milliarden Jahren beendet sein wird.) Ebenso folgt, dass die Sonne diese Verbrennungsrate bereits seit ihrem Bestehen, also sicher in den letzten 4–5 Milliarden Jahren haben konnte, ohne Gefahr laufen zu müssen, vorzeitig auszubrennen.

Wie Letzteres möglich sein kann, galt bis weit in das 20. Jahrhundert hinein als ein großes Rätsel (siehe z. B. Bahcall 2000). Zwar ist die Tatsache der hohen Bindungsenergien in der Kernphysik primär kein Effekt der SRT, sondern der starken Wechselwirkung, aber der relativistische Massendefekt erlaubt es doch, die energetischen Verhältnisse aufzuklären, ohne dabei die Details dieser Wechselwirkung kennen zu müssen.

Auch historisch galt die erste Anwendung der Gleichung $E = mc^2$ einer kernphysikalischen Fragestellung, nämlich der nach der Menge der bei der Spaltung des Urankerns frei werdenden Energie. Es zeigt sich nämlich, dass die Masse des Ausgangselements Uran größer ist als die Summe der Massen aller Spaltprodukte (Barium und Krypton). Diese Differenz hatte man bereits 1939, wenige Monate nach Entdeckung der Kernspaltung, richtig als Massenäquivalent (gemäß der Einstein'schen Formel) der Differenz der Bindungsenergien interpretiert und einen Wert für diese Differenz von etwa 200 Mev pro Urankern abgeschätzt. Damit war sofort klar, mit welcher Größenordnung man es hier zu tun hatte, wie damals öffentlich an folgendem Beispiel illustriert wurde: Würde es gelingen, das gesamte in einem Kubikmeter Uranoxid enthaltene Uran zu spalten, so würde die frei werdende Energie ausreichen, um einen Kubik*kilometer* (also eine Milliarde Kubikmeter oder 10^{12} Liter) Wasser 27 Kilometer über die Erdoberfläche anzuheben. Drastischer ausgedrückt: Man könnte damit den Berliner Wannsee in die Stratosphäre befördern.

4.3 Elementarteilchenphysik

Das mit Abstand größte und wohl auch wichtigste Anwendungsgebiet der SRT ist die Hochenergie-Elementarteilchenphysik, deren Methoden und Konzepte ohne die SRT undenkbar wären. Die Konsequenzen der SRT reichen von einfachen Korrekturen betreffend die Dynamik schneller Teilchen bis zu tiefgreifenden Revisionen unserer Vorstellung dessen, was »Materie« ausmacht. Zunächst seien jedoch in aller Kürze zwei einfachere Punkte angesprochen:

· Die relativistische Beziehung zwischen Impuls und Geschwindigkeit führt zu einer durch den Faktor γ stärkeren Zunahme der Zentrifugalkraft mit der Geschwindigkeit, als dies nach der Newton'schen Mechanik zu erwarten wäre. Dies muss beim Bau von Teilchenbeschleunigern berücksichtigt werden. Wird z.B. ein Teilchen der Ruhemasse m_0 und elektrischen Ladung e senkrecht zu den Magnetfeldlinien eines Ablenkmagneten der Stärke B mit der Geschwindigkeit v eingeschossen, so wird es nach den Gesetzen der SRT auf eine Kreisbahn vom Radius

$$R = \gamma \, \frac{m_0 v}{eB} \qquad (50)$$

gelenkt. Ohne Berücksichtigung der SRT hätte man diese Formel ohne den Faktor γ erhalten, also einen kleineren Radius. Würde man danach die Krümmung der Vakuumröhren einrichten, entlang der das Teilchen fliegt, so würde es hoffnungslos »untersteuern« und geradewegs in der Wand landen. Als extremes Beispiel sei

87

der Tevatron-Ring am Fermilab genannt, in dem Protonen auf Energien bis zu $1\,TeV = 10^{12}\,eV$ beschleunigt werden. Die Ruheenergie $m_0 c^2$ des Protons ist knapp $1\,GeV = 10^9\,eV$, sodass es sich also hier um γ-Faktoren von etwa eintausend handelt!

Auch Zeitdilatation und Längenkontraktion sind für den Teilchenphysiker Alltäglichkeiten. Schon klassisch ist das Beispiel der so genannten μ-Mesonen oder »Müonen«. Das sind elektrisch geladene Teilchen mit der elektrischen Ladung des Elektrons oder Positrons, aber deren 207-facher Masse, die aber sehr instabil sind und nach einer durchschnittlichen Lebensdauer (Halbwertszeit) τ_μ von nur 2,2 millionstel Sekunden in ein Elektron bzw. Positron und ein μ-Neutrino-e-Antineutrino-Paar zerfallen. Solche Müonen werden z. B. durch Einschlag der hochenergetischen kosmischen Strahlen in die Erdatmosphäre in einer Höhe von etwa 20 Kilometern erzeugt. Selbst wenn sie sich dann mit Lichtgeschwindigkeit c geradewegs nach unten bewegten, sollten sie durchschnittlich nicht weiter als $c \cdot \tau_\mu = 660$ Meter kommen und schon gar nicht bis auf die Erdoberfläche. Tatsächlich erreichen aber noch etwa ein Fünftel unter ihnen die Erde. Die Erklärung ist zweifach: Relativ zum Ruhesystem der Erde geht die mit dem Müon bewegte Uhr, nach *der* es nach $\tau_\mu = 2{,}2 \cdot 10^{-6}$ Sekunden zerfällt, um den Faktor γ langsamer. Das Müon kann also – korrekt gerechnet – tatsächlich die um den Faktor γ größere Strecke $\gamma c \tau_\mu$ zurücklegen. Alternativ kann man auch ins Ruhesystem des Müons gehen, in dem nun zwar die Halbwertszeit τ_μ beträgt, dafür aber wegen der Längenkontraktion der Abstand zur Erdoberfläche um den Faktor $1/\gamma$ verkürzt ist, was wieder zum gleichen Ergebnis betreffend der Reichweite des Müons führt. Völlig analoge Betrachtungen gelten für die Lebensdauern und Reichweiten von Teilchen in Beschleunigern, in denen heute, wie oben bereits angedeutet, γ-Faktoren bis zu Tausend keine Seltenheit mehr sind.

Wir wollen aber jetzt auf einen sehr fundamentalen Punkt kommen, an dem die SRT unsere Vorstellung von »Materie« grundlegend verändert. Die naive Interpretation des Begriffs »Elementarteilchen« ist ja die, die etwa schon in der antiken Atomistik im Begriff »Atom« enthalten war, nämlich eines unteilbaren, ewig bestehenden Etwas, das einfachen Gesetzen der Bewegung genügt. Die damit verbundene Hoffnung war, dass man zwar genötigt sein würde, diese letztlich elementaren Objekte einfach hinzunehmen, dass dann aber daraus auch die kompliziertesten Naturvorgänge aus einfachen Gesetzen betreffend die Bewegung und Wechselwirkung dieser Objekte im Prinzip logisch ableitbar wären. So galt es also, diese Bewegungs- und Wechselwirkungsgesetze zu finden. Die SRT setzt diesem Programm nun unumkehrbar ein Ende, da es nach ihr dauerhaft stabile und unzerstörbare elementare Objekte nicht geben kann. Die durch die Gleichung $E=mc^2$ ausgedrückte physikalische Äquivalenz und damit Wesensgleichheit von Masse und Energie hat zur Folge, dass Umwandlungsprozesse zwischen solchen Objekten auftreten, ja dass sogar Teilchen wie aus dem Nichts aus der kinetischen Energie eines bereits bestehenden Objektes oder der Strahlungsenergie eines Photons entstehen können. Dabei spielt auch die Beziehung (47) wieder eine zentrale Rolle, denn da diese bei gegebenem Impuls und Masse eine *quadratische* Gleichung für die Energie darstellt, besitzt sie auch zwei Lösungen, die jeweils zu jedem Teilchen auch das entsprechende Antiteilchen einschließt. Die Existenz dieser Antiteilchen, von denen 1931 als erstes das Positron – das Antiteilchen des Elektrons – experimentell gefunden wurde, kann somit als direkte Konsequenz der SRT (in Verbindung mit der Quantenfeldtheorie) angesehen werden. Zwar können solche Prozesse der Entstehung und Vernichtung von Teilchen nicht beliebig erfolgen, sondern müssen neben den Erhaltungssätzen für Energie und Impuls noch weiteren bekannten Erhaltungssätzen genügen, wie etwa dem der elektrischen (und anderen) Ladung, doch ist es im Prinzip mit der Unvergänglichkeit der elementaren Objekte endgültig vorbei.

Als Beispiel zeigen wir in Abb. 20 eine Blasenkammeraufnahme mit einer zweifachen Umwandlung eines sehr energiereichen Photons (γ-Quants) in ein Elektron und sein Antiteilchen, das Positron. Da die Blasenkammer nur Spuren galadener Teilchen zeigt, ist das von links und leicht unten hereinkommende γ-Quant zunächst unsichtbar, bis es beim Umwandlungspunkt A ein erstes Elektron-Positron-Paar erzeugt. Senkrecht zur Darstellungsebene verläuft ein Magnetfeld, das negativ geladene Teilchen auf Linkskurven, positiv geladene auf Rechtskurven zwingt. Die starke Krümmung (kleiner Radius) der Bahnen des bei A erzeugten Paares (Elektron nach oben aufgewickelt, Positron unten) bedeutet gemäß (50), dass diese Teilchen relativ langsam sind. Die nur sehr schwach linksgekrümmte Bahn, die bei A entsteht und durch B läuft, stammt von einem schnellen Elektron, das am Punkt A vom γ-Quant aus einem Atom herausgeschlagen wurde. Dieses Elektron emittiert am Punkt B ein weiteres hochenergetisches γ-Quant, das von B unsichtbar nach C läuft und dort wiederum ein diesmal viel schnelleres Elektron-Positron-Paar erzeugt, wie man an den geringeren Krümmungen der Bahnen erkennt.

Die heutige, von der relativistischen Quantenfeldtheorie getragene Vorstellung von »Materie« orientiert sich an wesentlich abstrakteren Konzepten als denen, die noch zu Beginn des 20. Jahrhunderts maßgebend waren. Insbesondere tritt darin das Konzept des »Teilchens« hinter einem allerdings quantentheoretisch verstandenen Feldkonzept zurück, also einer Struktur, die sich über die ganze Raum-Zeit erstreckt. Teilchen entsprechen dann (quantisierten) Anregungszuständen dieser Felder, denen lokalisierbare Eigenschaften zukommen. Dabei ist die Auszeichnung von »elementaren« gegenüber »nicht elementaren« Teilchen eher unwesentlich und auch begrifflich nicht mehr natürlich. In diesem Sinne gibt es auch kein klassisches Vakuum mehr, also einen von Materie völlig freien Raum. Die

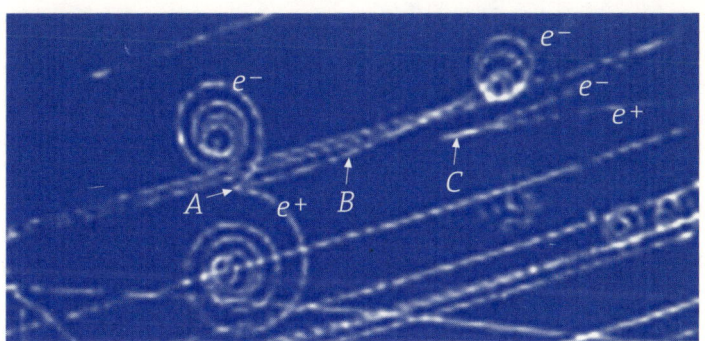

Abb. 20: Blasenkammeraufnahme einer mehrfachen Produktion von Elektron-Positron-Paaren aus γ-Quanten.

Quantenfelder sind immer da und machen sich auch bemerkbar, z. B. durch typisch quantentheoretische Fluktuationen der Energie. Diese können zwar nicht absolut, aber doch als Beitrag zu einer Energiedifferenz berechnet werden, wo sie auch messbare Beiträge zu physikalischen Phänomenen liefern, wie z. B. beim so genannten Casimir-Effekt.

Diese »Vakuum(fluktuations)energie« wird auch in Zusammenhang mit der Kosmologischen Konstante diskutiert (vgl. 4.6), da sie hinsichtlich Energiedichte und Druck genau deren Charakteristik (Druck = − Energiedichte) aufweist. Allerdings würde es zu einer solchen quantenfeldtheoretischen Erklärung der Kosmologischen Konstanten von theoretischer Seite her nötig sein, mit einem Absolutwert des Energiebeitrags der Vakuumfluktuationen aufzuwarten, was aus vielerlei Gründen derzeit ziemlich hoffnungslos erscheint.

Als weitere fundamentale Konsequenzen der SRT für die Quantenfeldtheorie können neben den bereits genannten das »Spin-Statistik-Theorem« und das »PCT-Theorem« gelten. Das erste besagt eine strikte Korrelation zwischen dem Spin (Eigendrehimpuls in Einheiten von $\hbar$) des Teilchens einerseits und seinem Statistik-Typ andererseits.

Das zweite fordert, dass die Verknüpfung der drei Operationen Raumspiegelung (P), Ladungskonjugation (C) und Bewegungsumkehr (T) eine fundamentale Symmetrie ist, obwohl dies für keine der genannten Operationen einzeln gilt.

4.4 Alltagsphysik: Navigationssysteme

Navigationssysteme dienen primär der eigenen Positionsbestimmung, was meist durch Angabe von Abständen zu festgelegten Referenzpunkten geschieht. Ist man etwa auf See und kennt seinen Abstand zu zwei Küstenstädten, so zieht man zwei Kreise auf der Erdoberfläche um diese Städte mit den gegebenen Abständen als Radien und bestimmt die Schnittpunkte, von denen es höchstens zwei gibt. Kommen beide in Betracht – was meist nicht der Fall ist, da z.B. nur einer auf See liegt –, so braucht man einen zusätzlichen dritten Abstand. Entsprechend determinieren im dreidimensionalen Raum drei Entfernungsangaben im Allgemeinen zwei mögliche Positionen, was ebenfalls meist ausreicht, z.B. wenn man eine Position auf der Erdoberfläche sucht.

In den modernsten Navigationssystemen, wie dem vom US-amerikanischen Verteidigungsministerium unterhaltenen GPS (für Global Positioning System) oder dem russischen Pendant GLONASS (für Global Navigation Satellite System) sind die Referenzpunkte Satelliten, die sich auf bekannten Bahnen um die Erde bewegen. Zum Beispiel bewegen sich im GPS immer mindestens 24 Satelliten in einer Höhe von etwa 20 000 Kilometern über der Erdoberfläche. Dabei sind sie auf sechs Bahnebenen verteilt, die gegeneinander jeweils um knapp 56 Grad geneigt sind, sodass zu jedem Zeitpunkt von jedem (hindernisfreien) Ort mindestens vier Satelliten »sichtbar« sind, d.h. über dem Horizont stehen. Die Abstände zu den Satelliten werden durch die Laufzeiten elektromagnetischer Signale bestimmt, die die Satelliten aussenden und die von den Benutzern mit Handgeräten empfangen werden können. Es werden primär also Zeiten gemessen, die erst durch Multiplikation mit der Lichtgeschwindigkeit in Distanzen verwandelt werden. Dabei geht an dieser Stelle bereits wesentlich ein, dass die Lichtgeschwindigkeit nicht vom Bewegungszustand der Quelle, hier also der Satelliten, abhängt.

Da Licht in einer Nanosekunde (= milliardstel Sekunde = 10^{-9} s) eine Strecke von 30 Zentimetern zurücklegt, müssen die Lichtlaufzeiten besser als auf hundert Nanosekunden genau bestimmt werden, um Positionsgenauigkeiten von 30 Metern zu erreichen. Über einen Tag (= 86 400 Sekunden) gerechnet darf also die Uhr an Bord des Satelliten höchstens eine relative Gangabweichung von 10^{-12} besitzen, wenn sie nicht zwischenzeitlich korrigiert werden soll. Tatsächlich erreichen die im GPS verwendeten Atomuhren, die sowohl in den Satelliten als auch in festen Bodenstationen installiert sind, weit bessere Genauigkeiten mit relativen Abweichungen von $5 \cdot 10^{-14}$ oder weniger.

Damit die Ein-Weg-Lichtlaufzeiten überhaupt gemessen werden können, müssen alle Uhrenangaben auf eine global definierte Zeit bezogen werden, die sowohl alle Uhren der Satelliten als auch die Uhren auf der Erdoberfläche umfasst. Diese »Zeit« ist nicht gleich der, die die Uhren anzeigen, sondern wird aus diesen erst errechnet, indem man die systematischen Gangunterschiede der Uhren untereinander berücksichtigt. Hier interessieren uns Gangunterschiede aufgrund relativistischer Effekte. Diese treten auf zwischen den Uhren auf der Erdoberfläche einerseits und den Uhren in den Satelliten andererseits. Da es sich um bewegte Uhren im Gravitationsfeld der Erde handelt, kommt neben dem Zeitdilatationseffekt der SRT noch ein entgegengesetzt wirkender Effekt der Allgemeinen Relativitätstheorie (ART) hinzu, der aus dem Umstand resultiert, dass nach der ART die Zeitintervalle Δt_S und Δt_E (S für Satellit, E für Erde) zweier Uhren U_S und U_E, die sich auf verschiedenen Gravitationspotenzialen ϕ_S und ϕ_E befinden, folgenden relativen Gangunterschied aufweisen (in führender Ordnung):

$$\Sigma_{Grav} = \frac{\Delta t_S - \Delta t_E}{\Delta t_E} = \frac{\phi_S - \phi_E}{c^2} = \frac{R_G}{R_E} - \frac{R_G}{R_S} \ . \qquad (51)$$

Hier ist R_E der Erdradius und R_S der Radius der (hier kreisförmig ange-nommenen) Satellitenbahn. Im letzten Schritt haben wir benutzt, dass das Gravitationspotenzial der Erde im Abstand $r > R_E$ vom Erd-mittelpunkt die Form $\phi(r) = -GM_E/r$ hat, wobei G die Newton'sche Gravitationskonstante und M_E die Masse der Erde ist. Zur Abkürzung haben wir dann noch die Größe $R_G = GM_E/c^2$ eingeführt, den so genannten Gravitationsradius der Erde, der die Masse der Erde in einer Längeneinheit ausdrückt und 4,4 Millimeter beträgt. Da $R_S > R_E$, ist die rechte Seite in (51) positiv, d. h. die Satellitenuhr geht relativ zur Bodenuhr vor. Die Zeitdilatation wirkt nun gerade in umgekehrter Richtung. Sie bewirkt eine Abweichung (wieder in führender Ord-nung):

$$\Sigma_{SRT} = \frac{\Delta t_S - \Delta t_E}{\Delta t_E} = -\frac{v^2}{2c^2} = -\frac{R_G}{2R_S} \ , \qquad (52)$$

wobei die letzte Gleichheit aus den dynamischen Gesetzen für die Bahnbewegung des Satelliten im Gravitationsfeld der Erde folgt (Energie- und Virialsatz). Der gesamte von der ART gelieferte Effekt ist daher die Summe der in (51) und (52) einzeln dargestellten Teil-effekte:

$$\Sigma = \Sigma_{Grav} + \Sigma_{SRT} = \frac{\Delta t_S - \Delta t_E}{\Delta t_E} = \frac{R_G}{R_E} - \frac{3}{2} \frac{R_G}{R_S} \ . \qquad (53)$$

Wir sehen also, dass für Satellitenbahnradien größer als das 1,5-fache des Erdradius der gravitative Effekt überwiegt und die Satellitenuhr vorgehen lässt. Das ist der Fall bei den Navigationssystemen. Für Bahnradien darunter, etwa denen des Space-Shuttle, überwiegt die Zeitdilatation der SRT, sodass die Borduhren gegenüber denen auf der Erde nachgehen. Dies ist in Abb. 21 dargestellt, in der der Gesamt-

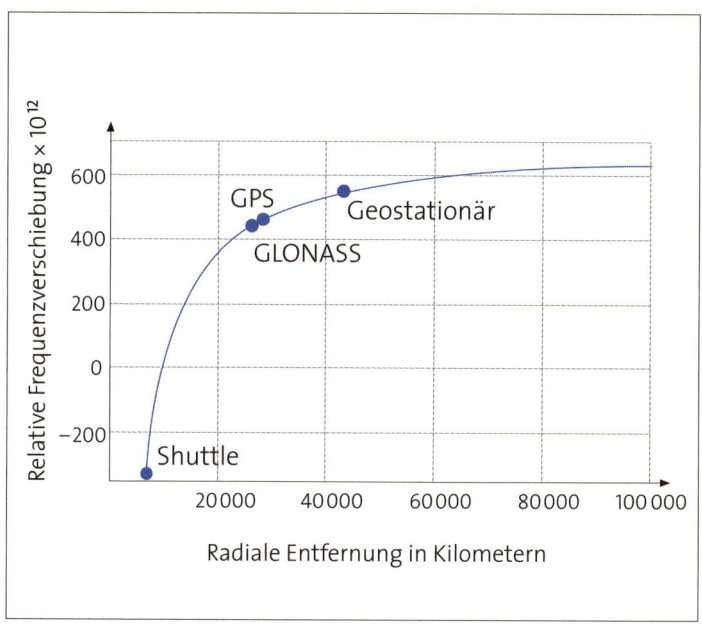

Abb. 21: Gesamter relativer Gangunterschied der Satelliten- zur Bodenuhr aufgrund relativistischer Effekte.

effekt Σ als Funktion des Bahnradius R_S des Satelliten dargestellt ist. Für das GPS beträgt $R_S = 4{,}2 \cdot R_E = 2{,}66 \cdot 10^7\,m$, sodass $\Sigma = 4{,}4 \cdot 10^{-10}$ mit den Teilbeiträgen $\Sigma_{SRT} = -0{,}83 \cdot 10^{-10}$ und $\Sigma_{Grav} = 5{,}25 \cdot 10^{-10}$. Diese Korrekturen liegen also um Größenordnungen über den Ganggenauigkeitsschranken der Atomuhren.

Ein Fehler im Abgleich der relativen Gangunterschiede zwischen Satelliten- und Bodenuhren von 10^{-10} würde sich innerhalb eines halben Tages (6 Stunden) zu einem Gangunterschied von fast fünf Millionstel Sekunden auswachsen, was immerhin schon zu Positionsfehlern von etwa einem Kilometer führt. Damit wäre das GPS für den Straßenverkehr aber völlig untauglich.

4.5 Science-Fiction:
Reisen zu anderen Sternen?

Wir haben gesehen, wie die Zeitdilatation dazu führt, dass instabile, gegenüber einem Inertialsystem K schnell bewegte Teilchen, die nach einer durchschnittlichen Lebensdauer τ zerfallen, trotzdem Strecken in K zurücklegen können, die weit größer sind als $c\tau$, also der von Licht in dieser Zeit bewältigten Strecke. Dies bedeutet natürlich nicht, dass sich das Teilchen mit Überlichtgeschwindigkeit bewegt, denn die Lebensdauer bezieht sich auf die im Ruhesystem des Teilchens gemessene Zeit, während die Geschwindigkeit des Teilchens auf die Zeit des Systems K bezogen wird. Was für Teilchen und deren Lebensdauer gilt, trifft aber genau so auch für lebende Organismen zu, insbesondere Menschen. Durch hinreichend schnelle Raumschiffe sollte es also möglich sein, eine Besatzung noch lebend in Regionen des Alls zu befördern, die viel weiter als etwa 100 Lichtjahre entfernt sind.

Dazu betrachten wir folgendes Rechenbeispiel: Angenommen, es gelänge, ein Raumschiff zu bauen, dessen Antrieb in der Lage ist, eine konstante Schubbeschleunigung vom Betrag $a'=10\,m/s^2$ (also der Erdbeschleunigung) aufrecht zu erhalten. Dabei bezieht sich a' auf die im Raumschiff gemessene Beschleunigung, das heißt, dass jeweils im momentanen Ruhesystem K' des Raumschiffs der pro Zeitintervall dt' gemessene Geschwindigkeitszuwachs durch $dv'=a'dt'$ gegeben ist. Von K aus gesehen kann die Geschwindigkeit ja nicht konstant in der t-Zeit wachsen, da sie sonst nach endlicher Zeit die Lichtgeschwindigkeit überschreiten würde. Tatsächlich entspricht von K aus gesehen dt' dem längeren Zeitintervall $dt=\gamma dt'$ und der Geschwindigkeitszuwachs dv' dem kleineren Wert $dv=\gamma^{-2}dv'$, wie sich aus Addition von dv' zu der zum betreffenden Zeitpunkt bereits erreichten Geschwindigkeit $v(t)$ gemäß dem Additionsgesetz (3.6) in linearer Näherung (in dv') ergibt. Also hat das Raumschiff bezüglich

K die mit zunehmender Geschwindigkeit kleinere Beschleunigung $a = dv/dt = \gamma^{-3}a'$. Damit kann man nun durch Integration den gesamten Bewegungsablauf darstellen.

Wir verzichten hier auf die Details und geben direkt die Lösung an. Dazu bemerken wir, dass der Parameter c/a' die Dimension einer Zeit hat und mit hinreichender Genauigkeit den Wert 1 Jahr besitzt. Was uns interessiert, ist die Darstellung des Ortes x als Funktion der im Raumschiff vergangenen Zeit t', die Relation zwischen den Zeiten t' und t und den γ-Faktor als Funktion des Ortes x. Wir lassen das Raumschiff zum Zeitpunkt $t = 0$ bei $x = 0$ mit der Anfangsgeschwindigkeit $v = 0$ starten und machen die Größen t, t', x dimensionslos, indem wir vereinbaren, dass t und t' die Zeit in der Einheit Jahr (J) und x die Entfernung in der Einheit Lichtjahr (Lj) angibt. Dann hat die Lösung unseres Bewegungsproblems die folgende, sehr einfache Form:

$$x = cosh(t') - 1, \quad t = sinh(t'), \quad \gamma = x + 1 . \qquad (54)$$

Dabei sind $cosh$ und $sinh$ die so genannte hyperbolische Cosinus- bzw. Sinusfunktion, die mit der Exponentialfunktion so zusammenhängen:

$$cosh(t') = \frac{1}{2}(e^{t'} + e^{-t'}), \quad sinh(t') = \frac{1}{2}(e^{t'} - e^{-t'}) . \qquad (55)$$

Insbesondere sieht man daraus, dass nach ein paar wenigen Jahren die zurückgelegte Strecke x exponentiell in t' wächst! Als Funktion von t würde sie nur linear wachsen, da die Geschwindigkeit des Raumschiffs in K dann praktisch gleichbleibend die Lichtgeschwindigkeit ist. Besonders sei auch auf das ebenfalls starke Anwachsen von γ hingewiesen (exponentiell in der Zeit t', linear in x). Zur Illustration geben wir in der auf der nächsten Seite folgenden Tabelle einige astronomische Ziele mit Entfernungen, Reisezeiten und dem γ-Faktor an:

Ziel	Entfernung [Lj]	Reisezeit t' [J]	Reisezeit t [J]	γ
Grenze Sonnensystem	5,5 L-Stunden	**13 Tage**	13 Tage	1,0006
Proxima Centauri	4,22	**2,33**	5,12	5,22
Wega	26	**3,98**	26,98	27
Zentrum Milchstraße	$2,6 \cdot 10^4$	**10,86**	$2,6 \cdot 10^4$	$2,6 \cdot 10^4$
Andromeda-Galaxie	$2,9 \cdot 10^6$	**15,57**	$2,9 \cdot 10^6$	$2,9 \cdot 10^6$
Virgo-Haufen	$6 \cdot 10^7$	**18,60**	$6 \cdot 10^7$	$6 \cdot 10^7$
Entferntester Quasar	$1,3 \cdot 10^{10}$	**23,98**	$1,3 \cdot 10^{10}$	$1,3 \cdot 10^{10}$

Demnach könnte man mit der uns gewohnten Erdbeschleunigung in weniger als 25 Jahren Reisezeit das gesamte sichtbare Universum gemütlich durchkreuzen. Doch leider gibt es da noch einige gewichtige Einwände: Trifft man mit $\gamma = 5$ auf ein winziges Staubkorn der Masse eines millionstel Gramms, so hat dieses Staubkorn die gleiche kinetische Energie wie ein Fahrzeug von zwei Tonnen Gewicht bei zweifacher Schallgeschwindigkeit! Wie sollte man sich gegen ein solches Bombardement schützen? Noch grundsätzlichere Fragen wirft die Realisierung des Antriebs auf. Da $\gamma - 1$ die in Einheiten der Ruheenergie $m_0 c^2$ gemessene kinetische Energie ist (vgl. 39), müsste schon für eine Reise zum uns nächsten Nachbarstern, Proxima Centauri, der Antrieb in der Lage sein, dem Raumschiff mehr als das Vierfache seiner Ruheenergie an kinetischer Energie mitzugeben. Das wäre nur möglich, wenn mindestens 4/5 der Startmasse des Raumschiffs unterwegs vollständig in Energie umgewandelt werden könnten, was technisch völlig unmöglich scheint. Durch Kernreaktionen können bestenfalls ein paar Prozente der Ruhemasse in Energie verwandelt werden (vgl. 4.2). Ganz verwegen kann man sich vielleicht vorstellen, dass diese 4/5 zur einen Hälfte aus Materie, zur anderen aus Antimaterie bestünden, die nach und nach zusammengebracht werden, sodass die dabei enstehenden γ-Quanten in gebündelter Form (wie bündeln?) als Rückstoßantrieb verwendet werden könnten. Wie allerdings solche Vorräte an Materie und Antimaterie gleichzeitig in einem Raumschiff gelagert werden sollen, bleibt wohl für immer das Geheimnis der Science-Fiction-Autoren. Genauere Überlegungen ziehen die Grenzen nur noch enger. Bis heute gibt es also keine Anzeichen dafür, dass wir es jemals auch nur bis zu unserem nächsten Nachbarstern schaffen könnten, und auch eine »Invasion von der Wega« ist derzeit nicht aktuell.

4.6 Ausblick auf die Allgemeine Relativitätstheorie

Wie wir mehrfach betont haben, findet die SRT ihre physikalische Grenze, wenn es darum geht, auch die Gravitation zu beschreiben, deren theoretischer Erklärungsrahmen von der Allgemeinen Relativitätstheorie (ART) gesteckt wird. Trotzdem ist es aber möglich, einige charakteristische Eigenschaften, die die ART gegenüber der Newton'-schen Gravitationstheorie auszeichnen, bereits im kleineren Rahmen der SRT zu verstehen, zumindest qualitativ.

Eine der spektakulärsten Vorhersagen der ART ist die des so genannten Gravitationskollaps, nach der ein hinreichend komprimierter Stern ab einer kritischen Grenze unweigerlich instabil wird und in sich zusammenstürzt, um danach unter Umständen als Schwarzes Loch zu enden. Diese Übermacht der Gravitationskraft über jedwede ihr entgegenwirkende Druckkraft der komprimierten Materie kennt die Newton'sche Gravitationstheorie nicht. Ihre Ursache liegt u. A. in der Tatsache begründet, dass ein unter Druckkräften stehender Körper eine größere Masse besitzt als dieselbe Materiemenge ohne Druck. Insoweit mit »Masse« hier die träge Masse gemeint ist, ist dieses Phänomen nahe verwandt der Energieabhängigkeit der trägen Masse (die wir ausführlich in Abschnitt 3.9 besprochen haben) und bereits innerhalb der SRT zu verstehen (siehe unten). Nimmt man nun die Kernaussage der ART hinzu, dass träge und aktive schwere (also Gravitationsfeld erzeugende) Masse gleich sind, so ist folgender Instabilitätsmechanismus gegeben: Ein Stern wird aufgrund seines eigenen Gravitationsfeldes komprimiert. Auf diesen Kompressionsdruck reagiert der Stern so lange durch Kontraktion, bis der dadurch aufgebaute Innendruck der Sternmaterie dem gravitativen Druck das Gleichgewicht hält. Wird aber durch den Aufbau des Innendrucks die gravitative Masse des Sterns gleichzeitig erhöht und damit sein Gravitationsfeld gestärkt, so kann es ab einer gewissen kritischen Grenze passieren, dass die Erhöhung des gravitativen Drucks stärker ausfällt als die des Innendrucks und der Stern kollabiert. Im Folgenden wollen wir verstehen, wie es sein kann, dass sich die träge Masse eines Körpers verändert, wenn er unter elastische Spannungen gesetzt wird.

Dazu betrachten wir in Abb. 22 einen homogenen zylindrischen Stab mit Ruhelänge l' und Querschnitt q', der im Inertialsystem K' entlang der x'-Achse ruht. Die Weltlinien seiner Endpunkte seien die ct'-Achse bzw. l. Vom Zeitpunkt $t' = 0$ an wird er an beiden Enden mit jeweils der gleichen Kraft F' zusammengedrückt. Klarerweise wird er sich dadurch nicht in Bewegung setzen, also weiterhin in K' ruhen. In Abb. 22 ist nun gezeigt, wie sich dieser Vorgang relativ zum Inertialsystem K darstellt, dem gegenüber sich K' mit der Geschwindigkeit v entlang der x-Richtung bewegt. Bezüglich der in K definierten Zeit t setzt die hintere, parallel zur Bewegungsrichtung des Stabes gerichtete Kraft (durch Pfeile symbolisiert) zum Zeitpunkt $t = 0$ ein, während die vordere, der Bewegungsrichtung entgegengerichtete Kraft, erst zum späteren Zeitpunkt $t = l'\gamma v/c^2$ einsetzt, was sofort aus

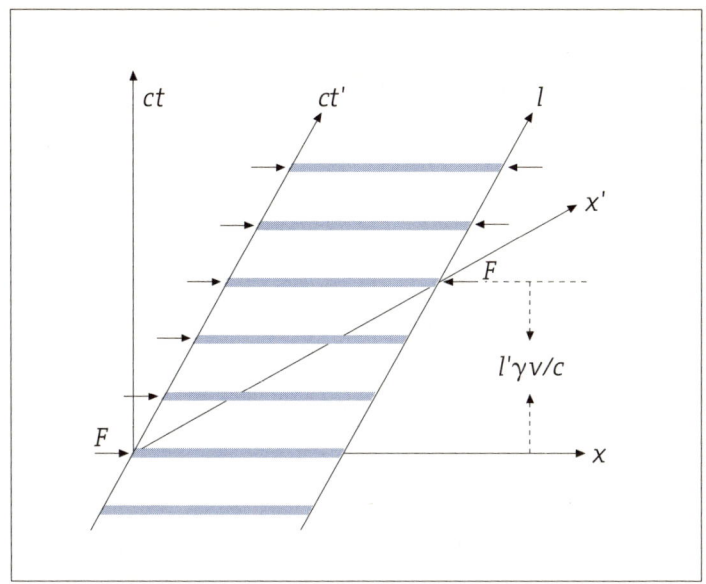

Abb. 22: Gespannter Stab in Bewegung.

den Lorentz-Transformationen (25) folgt, wenn man dort $x'=l'$ und $t'=0$ setzt. Während dieser Zeitspanne t wirkt von K aus beurteilt also eine einseitig schiebende Kraft der Stärke F'. Die schiebende Kraft überträgt den Impuls $\Delta P = F'l'\gamma v/c^2$, ohne allerdings die Geschwindigkeit zu erhöhen. Also muss die Ruhemasse um $\Delta m_0 = F'l'/c^2$ zunehmen. Da $q'l'$ das Volumen des Stabes in K' ist und $F'/q' = p'$ der durch die Kraft im Inneren des Stabes entstandene Druck (Kraft pro Fläche), kann man auch sagen, dass sich die Ruhemassendichte um p'/c^2 erhöht hat.

Es ist genau dieser Druckterm, der in der ART neben der Massendichte als zusätzliche Quelle des Gravitationsfeldes auftritt, wie z. B. in der bereits 1939 von Tolman, Oppenheimer und Volkov aufgestellten Gleichung für das Gravitationsfeld eines Sterns. Aber auch in der

Kosmologie spielt dieser Term eine große Rolle. Dort tritt sein Drei-faches (die Summe der Druckspannungen über alle drei Raumrich-tungen) gleichberechtigt neben der Ruhemassendichte in den Fried-mann-Gleichungen auf, die die Expansionsbewegung des Universums regeln. Zwar ist der Druck der gewöhnlichen, im Universum verteil-ten Materie viel zu gering, um hier dynamisch relevant zu werden, doch gibt es noch einen zusätzlichen Beitrag von der so genannten »Kosmologischen Konstanten« (meist Λ genannt), die die Bedeutung einer in der Zeit konstanten und räumlich homogen verteilten posi-tiven Massendichte ρ_Λ mit gleichzeitig *negativem* Druck $p_\Lambda = -c^2\rho_\Lambda$ hat. Die für die Friedmann-Gleichungen relevante Summe $\rho_\Lambda + 3p_\Lambda/c^2$ fällt daher negativ aus und ist durch $-2\rho_\Lambda$ gegeben. Messungen der letzten Jahre deuten zunehmend darauf hin, dass ρ_Λ fast 70 Prozent der gesamten gravitativ nachweisbaren Masse bzw. Energie aus-macht und nur ein sehr geringer Bruchteil in der sichtbaren Materie lokalisiert ist. Damit ist aber der (negative!) Druckterm die domi-nierende Kraft, aufgrund der sich das heutige Universum in einer Phase immer weiter beschleunigender Expansion befindet (siehe dazu: Giulini und Straumann 2000). Die Beantwortung der Frage, wie es überhaupt zu einer Kosmologischen Kostante dieser Größenordung kommen kann, wird gegenwärtig als eine der großen Herausforde-rungen in der theoretischen Physik empfunden.

VERTIEFUNGEN

Die Unabhängigkeit der Lichtgeschwindigkeit vom Bewegungszustand der Quelle

In der Äthertheorie des Lichtes stellt man sich den Äther als Träger der Lichtwellen vor, ähnlich der Luft oder dem Wasser im Falle von Schall- bzw. Wasserwellen. Dann hätte Licht immer die gleiche Geschwindigkeit *c relativ zum Äther* (der Trägersubstanz), unabhängig vom Bewegungszustand der Quelle. Daneben gab es aber auch Vorschläge, sich die Emission von Licht eher wie einen ballistischen Prozess vorzustellen, in dem das Licht immer die gleiche Geschwindigkeit *c relativ zur Quelle* haben sollte, etwa wie beim Abschießen eines Projektils durch einen stets gleichen Mechanismus. Obwohl diese Vorstellung augenscheinlich eher zu einem Teilchenbild passt, hat noch 1908, also drei Jahre nach Aufstellung der SRT, der Schweizer Physiker Walter Ritz (1878–1909) eine dieser Vorstellung entsprechende Wellentheorie vorgelegt, die im Wesentlichen aus einer leichten formalen Abänderung der Maxwell'schen Gleichungen bestand. Dies geschah aus der Motivation heraus, den mit der SRT eingeführten ungewohnten Zeitbegriff zu vermeiden und an einer absoluten Zeitdefinition festzuhalten.

Nach der Ritz'schen Theorie (und allen anderen so genannten »Emissionstheorien«) ist die von einem ortsfesten Beobachter gemessene Ausbreitungsgeschwindigkeit des Lichts abhängig vom Bewegungszustand der Lichtquelle. Diese Voraussage ist nun an astronomischen Objekten leicht überprüfbar, wie der holländische Astronom Willem de Sitter (1872–1934) zuerst 1913 feststellte. Seine Überlegung wollen wir anhand Abb. 23 erläutern: Man denke sich ein Doppelsternsystem, also zwei umeinander kreisende Sterne, von denen wir der Einfachheit halber den einen als viel schwerer anneh-

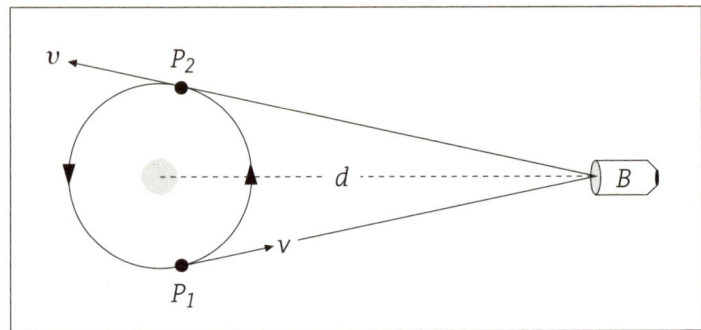

Abb. 23: Das Experiment de Sitters.

men, sodass wir ihn als unbewegtes Zentrum repräsentieren können, das vom anderen Stern entgegen dem Uhrzeigersinn mit dem
Geschwindigkeitsbetrag v umkreist wird. Ein Beobachter B befinde
sich im großen Abstand d vom Zentrum in der Bahnebene des Ster-
nensystems und beobachte den umlaufenden Stern mit einem
Fernrohr. Da der Stern an der Stelle P_1 direkt auf den Beobachter zu-
läuft, ist in einer Emissionstheorie die Geschwindigkeit des von dort
ausgesandten Lichts relativ zum Beobachter erhöht (im Gegensatz
zur SRT). Wir schreiben sie als $c + kv$, wobei k ein Parameter ist, der
zwischen der strikten Emissionstheorie von Ritz, für die $k = 1$ zu setzen ist, und der SRT, für die $k = 0$ gilt, interpoliert. Er parametrisiert
also gewissermaßen den Grad an Zusatzgeschwindigkeit, den das
Licht durch die bewegte Quelle mitbekommt. Die Laufzeit des Lichts
von P_1 zum Beobachter ist dann $T_1 = d/(c + kv)$. Am Punkt P_2 läuft der
Stern direkt vom Beobachter weg, sodass entsprechend das Licht
von dort die Zeit $T_2 = d/(c - kv)$ zum Beobachter benötigt. Da wir –
entgegen den aus zeichentechnischen Gründen gewählten Verhält-
nissen in Abb. 23 – den Abstand d sehr viel größer als den Bahn-
durchmesser des Sterns annehmen, sind die Bahnpunkte P_1 und P_2
nahezu diametral, und die Zeit, die der Stern von P_1 nach P_2 braucht,

ist gleich der Zeit von P_2 nach P_1 (wegen der angenommenen Kreisförmigkeit der Bahn), nämlich der halben Umlaufzeit $T/2$. Dies ist aber nicht, was der Beobachter B *sieht*, denn ist der Stern etwa zum Zeitpunkt $t=0$ bei P_1 und also für $t=T/2$ bei P_2, so sieht er den Stern bei P_1 erst zum Zeitpunkt $t=T_1$ bzw. bei P_2 zum Zeitpunkt $t=T/2+T_2$. Die vom Beobachter wahrgenommene Laufzeit T_{12} von P_1 nach P_2 ist also (wir vernachlässigen hier Terme proportional zu v^2/c^2, da wir uns nur für die führende Ordnung interessieren)

$$T_{12} = \frac{T}{2} + k\,\frac{2vd}{c^2}\,. \qquad (56)$$

Entsprechend ergibt sich die wahrgenommene Laufzeit T_{21} von P_2 nach P_1 als gegenüber der »wahren« halben Umlaufzeit $T/2$ um den gleichen Betrag verkürzt:

$$T_{21} = \frac{T}{2} - k\,\frac{2vd}{c^2}\,. \qquad (57)$$

Der Beobachter müsste demnach eine sehr unregelmäßige Bewegung sehen, bei der der Stern das dem Beobachter zugewandte Halbkreissegment von P_1 nach P_2 langsamer durchläuft als das dem Beobachter abgewandte von P_2 nach P_1. Tatsächlich kann man aufgrund spektroskopischer Beobachtungen die Bahngeschwindigkeit v und unabhängig davon auch die Entfernung d bestimmen. Dabei zeigt sich anhand vieler Beispiele, dass der Korrekturterm $2vd/c^2$ nicht kleiner und oft sogar größer als die halbe Umlaufzeit $T/2$ ist, sodass man sogar mit der Möglichkeit rechnen muss, dass das bei P_2 ausgesandte Licht auf dem Weg nach B von dem nachfolgend bei P_1 ausgesandten Licht überholt wird. Trotzdem zeigen sich an solchen Systemen *keine* der angesprochenen Unregelmäßigkeiten.

De Sitter zog aus seinem Beobachtungsmaterial bereits den Schluss, dass k kleiner als zwei Tausendstel sein muss, was die Ritz'sche Theorie klar widerlegt hätte. Allerdings wurde gegen seine Beobachtungen stichhaltig geltend gemacht, dass das Licht im sichtbaren Spektralbereich auf dem Weg zum irdischen Beobachter mehrfachen

Umwandlungen durch Absorptions- und Reemissionsprozesse im interstellaren Medium unterworfen ist, sodass nach der Emissionstheorie die dem Licht zusätzlich mitgegebene Geschwindigkeit nicht die des ursprünglich emittierenden Sterns ist, sondern die des interstellaren Mediums, die im Mittel verschwindet. Damit stünden die de Sitter'schen Resultate nicht im Widerspruch zu einer quellenabhängigen Lichtgeschwindigkeit. Aus diesem Grunde ist das de Sitter'sche Experiment im Jahre 1977 an solchen Doppelsternsystemen wiederholt worden, in denen der beobachtete Begleiter ein so genannter Röntgenpulsar ist, also in kurzperiodischen Abständen Röntgenstrahlung aussendet. Der springende Punkt ist, dass die sehr viel kurzwelligere Röntgenstrahlung eine viel geringere Wechselwirkung mit der interstellaren Materie hat und im Mittel auf dem Weg zum Beobachter so gut wie nie absorbiert bzw. reemittiert wird, sondern unbeeinflusst zum Beobachter gelangt, so wie es die obige Überlegung eben auch voraussetzt. Aufgrund der sehr präzisen Messungen schloss man (Brecher 1977), dass der Betrag von k kleiner als zwei Milliardstel ist, d.h.

$$|k| < 2 \cdot 10^{-9} \,. \tag{58}$$

Daneben wurden auch irdische Experimente mit schnell bewegten Materialien und Licht emittierenden Teilchen durchgeführt, doch bleibt (58) die bis heute kleinste obere Schranke für den Parameter k.

Gibt es Überlichtgeschwindigkeiten?

Wird die in der Überschrift gestellte Frage in dieser Allgemeinheit gestellt, so muss sie mit einem klaren Ja beantwortet werden. Nur bestimmten Ausbreitungsphänomenen setzt die SRT den Wert c als Grenze. Dies betrifft die Geschwindigkeiten materieller Körper und allgemein alle Prozesse, die zumindest im Prinzip einer Signalübermittlung dienen können, wobei man hier allerdings eine sorgfältige

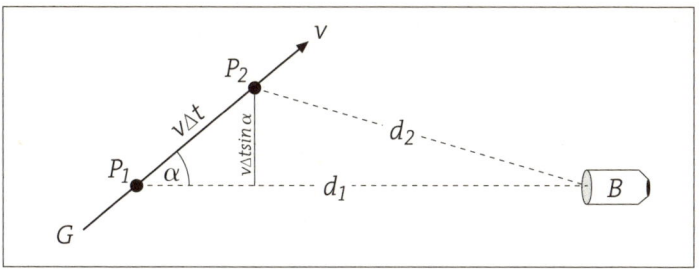

Abb. 24: Das Zustandekommen scheinbarer Überlichtgeschwindigkeit.

Definition von »Signal« anfügen müsste. Auf jeden Fall würde eine Signalausbreitung mit Überlichtgeschwindigkeit innerhalb der SRT zu Widersprüchen mit den in Abschnitt 3.5 dargestellten Kausalitätsverhältnissen führen.

Wir betrachten zunächst ein Beispiel aus der modernen Astronomie zur Verdeutlichung der Tatsache, dass durchaus der visuelle Eindruck einer Überlichtgeschwindigkeit entstehen kann, obwohl sich weder das Licht noch irgendein an diesem Prozess beteiligtes Objekt schneller als c bewegt. In Abb. 24 ist schematisch eine Situation dargestellt, in der ein nicht weiter spezifiziertes Objekt mit hoher Geschwindigkeit v entlang der Geraden G schräg – also nicht direkt – auf einen Beobachter B zufliegt. Dieses Objekt ist leuchtend, soll also unablässig Licht zum Beobachter senden. Zum Zeitpunkt t_1 sei das Objekt am Punkt P_1 und habe zum Beobachter den Abstand d_1. Das von dort gesendete Licht empfängt der Beobachter zum Zeitpunkt $t_1^{(B)} = t_1 + d_1/c$. Eine kleine Zeitspanne Δt später befindet sich das Objekt am Punkt P_2 und hat zum Beobachter den Abstand d_2. Das von P_2 gesendete Licht empfängt der Beobachter zum Zeitpunkt $t_2^{(B)} = t_1 + \Delta t + d_2/c$, also um die Zeitspanne $\Delta t^{(B)} = \Delta t - (d_1 - d_2)/c$ später als das von P_1 gesendete Signal. Der entscheidende Punkt ist nun, dass der Abstand d_2 kleiner als d_1 ist. Explizit gilt bis auf quadratische und höhere Ordnungen in Δt:

$$d_2 = d_1 - v\Delta t \cos \alpha \ . \tag{59}$$

Dadurch hat das später von P_2 gesendete Lichtsignal eine kürzere Laufzeit als das von P_1 kommende, sodass der vom Beobachter wahrgenommene zeitliche Abstand $\Delta t^{(B)}$ *kleiner* ist als Δt. Für kleine Δt gilt dann mit ⟨59⟩:

$$\Delta t^{(B)} = \Delta t - (d_1 - d_2)/c = \Delta t (1 - \beta \cos \alpha) \ , \tag{60}$$

wobei wie üblich v/c mit β bezeichnet ist. In dieser Zeitspanne sieht der Beobachter das Objekt die zur Beobachtungsrichtung senkrechte Strecke $D = v\Delta t \sin \alpha$ am Himmel zurücklegen. Dies entspricht einer visuellen Geschwindigkeit von

$$v_B = \frac{D}{\Delta t^{(B)}} = c \cdot \frac{\beta \ \sin \alpha}{1 - \beta \cos \alpha} \ . \tag{61}$$

Man überlegt sich leicht, dass der die Lichtgeschwindigkeit multiplizierende Bruch auf der rechten Seite beliebig groß werden kann, z.B. nimmt er für festes β und variables α seinen Maximalwert bei $\cos \alpha = \beta$ an. Der Maximalwert beträgt dann $v_B^{max} = \gamma v$, was für v gegen c beliebig groß wird.

Heute kennt man in der Astronomie zahlreiche Beispiele für diesen Effekt. Ein besonders eindrucksvolles liefert die Galaxie M87, die sich in einer Entfernung von 60 Millionen Lichtjahren von uns im Virgo-Haufen befindet. Aus ihrem Zentrum werden Gasströme entlang so genannter Jets auf einer Länge von 5000 Lichtjahren ins All geschleudert, deren gemessene visuelle Geschwindigkeit v_B die sechsfache Lichtgeschwindigkeit erreichen! Getrieben werden diese Jets wahrscheinlich durch ein im Zentrum der Galaxie befindliches supermassives Schwarzes Loch. Man schätzt die eigentliche Geschwindigkeit v der Gasströmung auf höchstens 98% der Lichtgeschwindigkeit. Mehr zu diesem interessanten Objekt findet man auf den angegebenen Internetseiten.

Wir wollen uns jetzt einigen fundamentaleren Aspekten von Überlichtgeschwindigkeiten zuwenden, deren Nichtbeachtung in den letzten Jahren zu einigen Verwirrungen in der Presse geführt hat. Wenn man versucht, den Begriff der Geschwindigkeit auch einer Welle zuzuordnen, so hat man dazu mehrere Möglichkeiten. Mathematisch wird eine Welle beschrieben durch die Überlagerung unendlich ausgedehnter rein harmonischer Wellen von jeweils fester Frequenz und Wellenlänge. Die Phasen dieser Partialwellen breiten sich jeweils mit der so genannten »Phasengeschwindigkeit« aus. Diese beträgt c/n, wobei n der Brechungsindex des Mediums ist, in dem die Ausbreitung stattfindet. Im Allgemeinen hängt n aber von der Frequenz der Partialwelle ab, so dass folglich die Partialwellen auch unterschiedliche Phasengeschwindigkeiten haben. Dieses Phänomen bezeichnet man als Dispersion.

Genauer spricht man von normaler/anomaler Dispersion, wenn n mit der Frequenz steigt/fällt, also die Phasengeschwindigkeit fällt/steigt. Mit den Phasen einer rein harmonischen, unendlich ausgedehnten Welle kann man aber keine Signale übertragen, also darf auch die Phasengeschwindigkeit größer als c werden, was in Frequenzbereichen, wo anomale Dispersion vorliegt, oft passiert, da dort $n < 1$ werden kann. Aus harmonischen Partialwellen kann man durch Überlagerung lokalisierte Modulationen oder Wellengruppen bilden, deren Schwerpunkte sich mit der so genannten »Gruppengeschwindigkeit« ausbreiten und die zur Signalübermittlung im eingeschränkten Maße verwendet werden können. Allerdings führt die Dispersion u. U. auch zum Zerfließen solcher Wellenpakete, sodass die Signalübermittlung prinzipiell nur so lange funktioniert, wie das Zerfließen nicht zu einer sofortigen Zerstörung der das Signal darstellenden Wellengruppe führt, ohne dass sich diese über eine Strekke, die mindestens einigen Signalbreiten entspricht, hätte fortpflan-

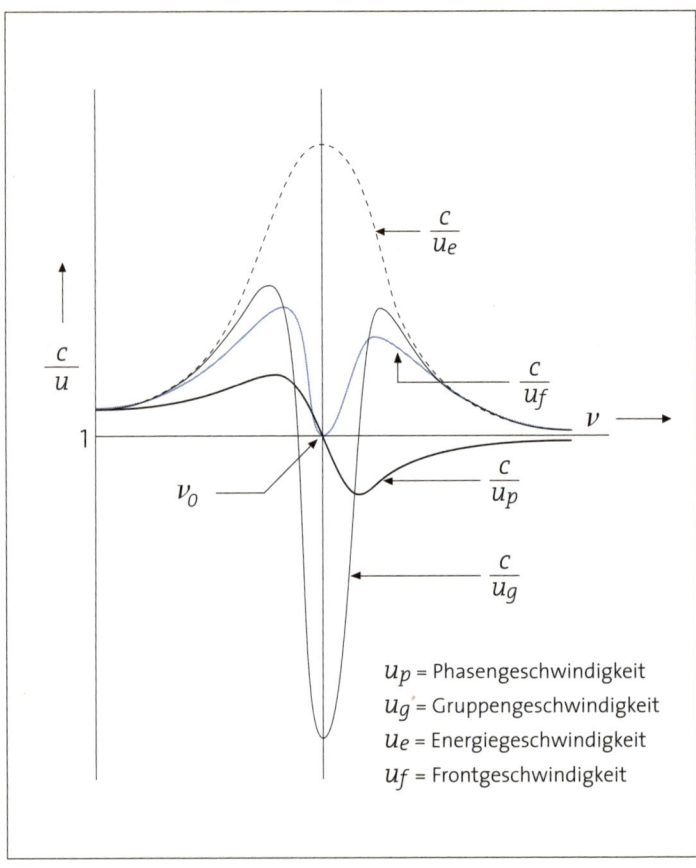

Abb. 25: Typisches Verhalten der verschiedenen Geschwindigkeitstypen in der Nähe anomaler Dispersion.

zen können. Dies ist ein überaus wichtiger und etwas subtiler Punkt, da der mathematische Ausdruck für die Gruppengeschwindigkeit in allen Frequenzregionen zwar formal existiert, ihm aber physikalisch in solchen Regionen eines zu schnellen Zerfließens nicht mehr die

Bedeutung einer Signalgeschwindigkeit zukommt. Gerade dort kann er aber ebenfalls größer als c werden, sodass Messungen von Gruppengeschwindigkeiten oberhalb der Lichtgeschwindigkeit manchmal zu der irreführenden Behauptung geführt haben (und immer noch führen), es seien *Signale* – und sogar ganze Mozart-Sinfonien – mit Überlichtgeschwindigkeit übertragen worden, im glatten Widerspruch zur SRT. Dies ist aber physikalisch nicht korrekt.

Uneingeschränkt zur Signalübertragung geeignet ist ein Einschaltvorgang. Dieser breitet sich mit der so genannten »Frontgeschwindigkeit« aus. Das ist die Geschwindigkeit, mit der sich der Wellenkopf bewegt, also der Punkt, wo die Welle von einer schon endliche Zeit andauernden Nullamplitude zu einem endlichen Amplitudenwert anhebt. Man denke etwa an das Morsen, wo Strich oder Punkt mehr oder weniger lange Signale sind, die durch absolute Ruhephasen voneinander getrennt sind. Letztlich gibt es noch die »Energiegeschwindigkeit«, mit der sich die Energie in einer Welle ausbreiten kann. Diese muss mit keiner der oben genannten Geschwindigkeiten übereinstimmen. Auch sie darf die Lichtgeschwindigkeit nicht überschreiten, ohne ein ernsthaftes Problem für die SRT darzustellen.

Phasen- und Gruppengeschwindigkeiten oberhalb der Lichtgeschwindigkeit widersprechen keinem der Prinzipien der SRT. Anders liegt die Sache bei Signal- und Energiegeschwindigkeiten. Hier würden Geschwindigkeiten oberhalb der Lichtgeschwindigkeit die SRT in Schwierigkeiten bringen. Allerdings gibt es dafür weder theoretisch noch experimentell zur Zeit irgendwelche Anhaltspunkte.

Das Experiment von Kennedy und Thorndike

Das Ergebnis des Michelson-Morley-Experiments zeigt, dass die über Hin- und Rücklauf gemittelte Ausbreitungsgeschwindigkeit des Lichts von der Orientierung der Interferometerarme unabhängig ist. Dies spricht zwar stark gegen die alte Äthervorstellung, impliziert aber noch nicht vollständig die Unabhängigkeit der Lichtgeschwindigkeit vom Bewegungszustand gegenüber einem hypothetisch bevorzugten Bezugssystem, das wir der sprachlichen Einfachheit halber weiter das »Äthersystem« nennen wollen, ohne damit weiterhin eine konkrete Vorstellung eines substanziellen Äthers zu verbinden. Der springende Punkt ist hier, dass das Michelson-Morley-Experiment nur die Unabhängigkeit von der Richtung einer solchen Bewegung, nicht jedoch auch die Unabhängigkeit von ihrem Betrag feststellt. Letzteres leistet das Experiment von Roy Kennedy und Edward Thorndike aus dem Jahre 1932.

Die wesentliche Idee ist folgende: Man hat wieder ein wie beim Michelson-Morley-Experiment benutztes Interferometer, wobei nun aber aus Gründen, die sogleich ersichtlich werden, die Armlängen möglichst unterschiedlich sind – im Gegensatz zum tatsächlich von Michelson und Morley benutzten Interferometer, dessen Armlängen annähernd gleich waren. Auch schaut man nun nicht nach möglichen Streifenverschiebungen bei einer Drehung der Apparatur um 90 Grad, sondern bei fester Apparatur nach Streifenverschiebungen im Verlauf einer längeren Zeit, in der sich der Betrag der Geschwindigkeit der Apparatur gegenüber dem Äthersystem merklich geändert haben könnte. Diese Geschwindigkeit, $\vec{v}$, setzt sich aus folgenden Komponenten zusammen: 1) der durch die Erdrotation bedingten Geschwindigkeit $\vec{v}_R$ der Apparatur relativ zum Erdmittelpunkt, 2) der durch die Bahnbewegung der Erde um die Sonne bedingten Geschwindigkeit v_E des Erdmittelpunktes relativ zur Sonne und 3) der Geschwindigkeit $\vec{v}_S$ des Sonnenmittelpunktes relativ zum Äthersystem. Also ist

$$\vec{v} = \vec{v}_R + \vec{v}_E + \vec{v}_S \ . \tag{62}$$

Kennedy und Thorndike gingen davon aus, dass unter den genannten Geschwindigkeiten $\vec{v}_S$ den deutlich größten Betrag hat, etwa in der Größenordnung der höchsten damals bekannten Relativgeschwindigkeiten astronomischer Objekte von über hundert Kilometern pro Sekunde. Heute ist uns bekannt, dass alleine unser Sonnensystem eine Umlaufgeschwindigkeit um das galaktische Zentrum der Milchstraße von etwa 220 Kilometern pro Sekunde besitzt und dass noch weit höhere Relativgeschwindigkeiten zwischen Galaxien keine Seltenheit sind. Welchen plausiblen Wert für den Betrag von $\vec{v}_S$ soll man also annehmen? Darauf gibt die moderne Kosmologie einen Hinweis. Präzise Vermessungen des Spektrums der das ganze Universum erfüllenden elektromagnetischen Mikrowellenstrahlung durch den Satelliten COBE (für »Cosmic Background Explorer«; siehe die angegebenen Internetseiten) haben nämlich ergeben, dass sich das Sonnensystem gegenüber diesem Strahlungshintergrund mit einer Geschwindigkeit von etwa 380 Kilometern pro Sekunde bewegt (unsere Galaxie sogar mit deutlich über 600 Kilometern pro Sekunde). Aus fundamentalen Gesichtspunkten setzt man daher heute dieses durch den Mikrowellenhintergrund definierte System als wahrscheinlichsten Kandidaten für ein (wenn überhaupt existierendes) Äthersystem an, sodass man von einem Betrag für $\vec{v}_S$ von eben diesen 380 Kilometern pro Sekunde ausgeht.

Nun ändert sich im Laufe eines halben Tages $\vec{v}_R$ zu $-\vec{v}_R$, während die anderen beiden Komponenten annähernd unverändert bleiben. Die dadurch verursachte Änderung des Geschwindigkeitsquadrats

$$v^2 = (\vec{v}_R + \vec{v}_E + \vec{v}_S)^2 \tag{63}$$

ist

$$\Delta v^2 = 4\vec{v}_R \cdot (\vec{v}_E + \vec{v}_S) . \tag{64}$$

Genauso ändert sich im Laufe eines halben Jahres $\vec{v}_E$ zu $-\vec{v}_E$, während $\vec{v}_S$ gleich bleibt und der genaue Zeitpunkt so gewählt werden kann, dass auch $\vec{v}_R$ wieder seinen Ausgangswert hat. Dann ist die Änderung des Geschwindigkeitsquadrats gleich

$$\Delta v^2 = 4\vec{v}_E \cdot (\vec{v}_R + \vec{v}_S) . \tag{65}$$

Da der erwartete Betrag von $\vec{v}_S$ viel größer ist als die Beträge von $\vec{v}_E$ (30 km/s) und $\vec{v}_R$ (0,46 km/s am Äquator), werden diese Ausdrücke im Wesentlichen durch die Projektionen von $\vec{v}_S$ in die Äquatorebene der Erde bzw. die Ekliptik bestimmt. Diese projizierten Anteile von $\vec{v}_S$ sind es, an die das Kennedy-Thorndike-Experiment obere Schranken setzt.

Nun differieren nach (17) mit den Ausdrücken (14, 16) die Phasen entlang beider Arme um die Anzahl

$$N = \nu\gamma\,\frac{2(\gamma l_1 - l_2)}{c}\,. \tag{66}$$

Ersetzen wir hierin noch die Längen l_1 und l_2 durch die aus der allgemeinen Kontraktionshypothese (21) folgenden Ausdrücke Al_1^0 bzw. Bl_2^0 und benutzen die aus dem Ergebnis des Michelson-Morley-Experiments folgende Relation $A\gamma = B$, so folgt

$$N = \nu\gamma B\,\frac{2(l_1^0 - l_2^0)}{c}\,. \tag{67}$$

Nun ist ja der Faktor γ auf der rechten Seite die in (15) wiedergegebene Funktion von v^2. Eine tägliche oder jährliche Variation dieses Geschwindigkeitsquadrates gemäß (64) bzw. (65) sollte also auch zu einer Variation von N und damit zu einer Verschiebung der Interferenzstreifen mit täglicher bzw. jährlicher Periodizität führen. Das Kennedy-Thorndike-Experiment ergab jedoch *keine* derartigen Verschiebungen. Genauer gesagt ergaben sich aus den Messdaten Durchschnittswerte für die Beträge der Komponenten von $\vec{v}_S$ in die Äquator- bzw. Bahnebene der Erde von lediglich 24 bzw. 15 Kilometern pro Sekunde, was nicht nur eine Größenordnung unter den zu erwartenden Werten liegt, sondern nach Einbeziehung aller Fehlertoleranzen auch mit einem Nullresultat verträglich ist. Dazu muss betont werden, dass die experimentellen Anforderungen außerordentlich hoch waren, da man ja die physikalischen Bedingungen, unter denen das Experiment lief, während der langen Laufzeiten konstant halten musste. So gelang es, etwa die Temperaturschwankungen auf weniger als ein tausendstel Grad einzuschränken, entgegen natürlicher tages- und jahreszeitlicher Variationen.

Kennedy und Thorndike schlossen aus ihrem Experiment, dass N überhaupt nicht von v^2 abhängt. Dabei nahmen sie von vornherein $B=1$ an, obwohl sie wussten, dass dies streng genommen nicht aus dem Ergebnis des Michelson-Morley-Experiments gefolgert werden kann. Damit konnten sie aus (67) sofort ablesen, dass die Kombination $v\gamma$ eine von v^2 unabhängige Konstante sein muss, die wir v' nennen, sodass

$$v = v'/\gamma = v' \cdot \sqrt{1 - \frac{v^2}{c^2}} \ . \qquad (68)$$

Nun gibt ja v die Anzahl der Schwingungsperioden des Lichts bezüglich der mit den Uhren im »unbewegten« System K (oben das Äthersystem genannt) gemessenen Zeiteinheit an. Andererseits ruht die Lichtquelle zusammen mit der Apparatur im »bewegten« System K' und ist monochromatisch bezüglich der in K' ruhenden Uhren. (Kennedy und Thorndike verwendeten grünes Licht der Wellenlänge $\lambda'=5461\text{Å}$, einer Spektrallinie des Quecksilbers entsprechend.) Dann ist (68) aber gerade Ausdruck der Zeitdilatation, wobei v' die feste Frequenz der monochromatischen Lichtquelle in K' ist. Das Nullresultat des Kennedy-Thorndike-Experiments würde also durch die Zeitdilatation erklärt. Logisch nicht schlüssig folgerten Kennedy und Thorndike auch die Umkehrung, nämlich dass ihr Experiment auch die Zeitdilatation fordere. Das wäre aber nur zwingend, falls $B=1$ bereits feststünde, was zu diesem Zeitpunkt aber lediglich eine durch kein Experiment erzwungene Annahme war. Deshalb halten wir an diesem Punkt lediglich fest, dass das Kennedy-Thorndike-Experiment nach (67) zu der etwas allgemeineren Folgerung

$$v = v'/\gamma B \qquad (69)$$

führt. Erst das im nächsten Abschnitt zu besprechende Experiment von Ives und Stilwell wird unabhängig zu (68) führen, sodass dann umgekehrt zum Vorgehen von Kennedy und Thorndike aus ihrem Experiment streng auf $B = 1$ geschlossen werden darf.

Das Experiment von Ives und Stilwell

Das Experiment von Herbert Ives und G.R.Stilwell aus dem Jahre 1938 galt einer Überprüfung des relativistischen Doppler-Effekts, dessen Gesetzmäßigkeit in Gleichung (32) wiedergegeben ist. Genauer galt es dem Auftreten des Faktors γ im Nenner, denn dieser ist eine ausschließliche Folge der Zeitdilatation – und damit ein genuiner Effekt der SRT –, während die anderen in dieser Formel ausgedrückten Abhängigkeiten bereits in der »vorrelativistischen« Dopplerformel enthalten waren. Die nahe liegende Idee (Einstein 1907), diese Abhängigkeit von γ über den transversalen Doppler-Effekt (33) zu messen, mussten Ives und Stilwell aufgeben, denn gemäß (32) führt bereits eine sehr kleine Abweichung des Beobachtungswinkels α von 90° zu Beimischungen des longitudinalen (in β linear) zum transversalen (in β quadratisch) Doppler-Effekt, die Letzteren völlig zu verwaschen drohen. Sie maßen stattdessen die Wellenlängen λ_0 genau entlang und λ_{180} genau entgegen der Bewegungsrichtung, also für $\alpha = 0°$ und $\alpha = 180°$, und nahmen den Mittelwert. Aus der Beziehung (32) zwischen den Frequenzen ν und ν' erhält man die zugehörige Beziehung zwischen den Wellenlängen durch Ersetzen von ν durch c/λ bzw. ν' durch c/λ':

$$\lambda = \lambda'\gamma(1 + \beta \cos \alpha) \ . \tag{70}$$

Der springende Punkt ist nun, dass sich durch die besagte Mittelwertbildung der in β lineare Term gerade heraushebt, während die Geschwindigkeitsabhängigkeit durch γ weiter bestehen bleibt:

$$\frac{1}{2} (\lambda_0 + \lambda_{180}) = \gamma\lambda' \ . \tag{71}$$

Man erhält also nicht die der Ruhefrequenz entsprechende Wellenlänge λ', wie es ohne Zeitdilatation der Fall wäre, sondern einen um den Zeitdilatationsfaktor γ erhöhten Wert. Genau diese Erhöhung maßen nun Ives und Stilwell. Zwar muss man auch bei dieser Methode mit kleinen Abweichungen ϵ von $\alpha = 0$ bzw. $\alpha = 180°$ rechnen, doch korrigieren diese den Effekt nur um Terme quadratisch in ϵ und bleiben deshalb hinreichend unterdrückt.

Als bewegte Quelle der elektromagnetischen Strahlung benutzten Ives und Stilwell atomaren Waserstoff, dessen zweite (blaugrüne) Linie der Balmerserie (H_β, Wellenlänge 4861Å) sie beobachteten. Dabei wurden zuerst H_2^+- und H_3^+-Ionen aus einer Wasserstoff-Entladungsröhre durch eine feste Spannung beschleunigt und anschließend durch Neutralisation und Dissoziation in angeregten atomaren Wasserstoff verwandelt. Dieser trat dann in zwei verschiedenen Geschwindigkeiten vom Verhältnis $\sqrt{3}/\sqrt{2}$ auf, je nachdem ob er aus einem H_3^+- oder einem H_2^+-Ion entstand. Als Beschleunigungsspannungen wurden verschiedene Werte im Intervall zwischen knapp 7000 bis 20000 Volt verwendet. Bei diesen Energien liegen die Wellenlängenänderungen durch den transversalen Doppler-Effekt bei einigen hundertstel Å, während die des longitudinalen bis zu 20Å ausmachen, sich aber bei der oben erklärten Mittelung sehr genau gegenseitig aufheben. Die erreichte Messgenauigkeit lag bei 2,5 tausendstel Å.

Der derzeitige experimentelle Status der SRT

Im Haupttext sowie in den zwei vorstehenden Abschnitten haben wir drei historische Experimente kennen gelernt, die für die physikalische Verankerung der SRT wesentlich sind:

MM: Das Michelson-Morley-Experiment. Es testet eine mögliche Abhängigkeit der Lichtgeschwindigkeit von der *Richtung* der Relativgeschwindigkeit der Messapparatur gegenüber einem hypothetisch ausgezeichneten Bezugssystem K_0.

KT: Das Kennedy-Thorndike-Experiment. Es testet eine mögliche Abhängigkeit der Lichtgeschwindigkeit vom *Betrag* der Relativgeschwindigkeit der Messapparatur gegenüber einem hypothetisch ausgezeichneten Bezugssystem K_0.

IS: Das Ives-Stilwell-Experiment. Es testet die Zeitdilatation bewegter Uhren.

Allgemein charakterisiert man heute jedes Experiment durch einen dieser drei Doppelnamen – meist einfach abgekürzt als MM, KT oder IS –, wenn es den betreffenden Aspekt testet. Dies geschieht unabhängig davon, ob das betreffende Experiment seinem Aufbau oder physikalischen Grundlagen nach irgendeine Ähnlichkeit mit dem historischen Experiment aufweist, was in modernen Realisierungen oft nicht mehr der Fall ist; wesentlich ist also allein der zu testende Aspekt. Zur theoretischen Beschreibung solcher Experimente benötigt man so genannte Testtheorien, innerhalb derer die zum Test anstehenden möglichen Abweichungen von den Voraussagen der SRT parametrisiert werden können. Dazu müssen natürlich gewisse theoretische Annahmen über die Art der zu erwartenden Abweichungen einfließen. Unter sehr allgemeinen Bedingungen kann man aber zeigen, dass man mit einer dreiparametrigen Schar von Testtheorien auskommt und dass die drei angeführten Experimenttypen diese Parameter eindeutig festlegen. Deshalb haben wir diese Experimente so hervorgehoben. Unter diesen Testtheorien ergibt sich die SRT genau dann, wenn MM- und KT-Experimente Nullresultate liefern und die IS-Experimente einen Zeitdilatationsfaktor γ, der durch (15) gegeben ist. In diesem, von der benutzten Schar von Testtheorien abhängigen Sinne, kann der experimentelle Status der SRT mit dem Status der MM-, KT- und IS-Experimente identifiziert werden. In der erwähnten Schar von Testtheorien ist nun die Lichtgeschwindigkeit i. A. nicht mehr vom Bewegungszustand des Beobachters unabhängig. Stattdessen ergibt sie sich zu

$$c(v,\theta) = c_0\left(1 + A\,\frac{v^2}{c_0^2} + B\,\frac{v^2}{c_0^2}\,sin^2\theta\right)\,. \qquad (72)$$

Hierin ist c_0 die Lichtgeschwindigkeit im bevorzugten Bezugssystem (Äthersystem) K_0 und v bzw. θ Betrag und Winkel der Geschwindigkeit der Apparatur gegenüber K_0 (Letzteres bezüglich einer bestimmten in K_0 gewählten Richtung). Die Größen A und B parametrisieren nun diese spezielle Abhängigkeit der Lichtgeschwindigkeit von $\vec{v}$ und θ. Für $B = 0$ ist die Lichtgeschwindigkeit isotrop und, falls zusätzlich $A = 0$ gilt, auch von v unabhängig. Dies entspricht der Voraussage der SRT. MM- und KT-Experimente haben also die Aufgabe, obere Schranken an die Beträge der Parameter B bzw A zu setzen. Dabei zeigt sich, dass die Genauigkeit auch von modernsten KT-Experimenten etwa zwei Größenordnungen unter denen von MM-Experimenten liegen, was im Wesentlichen daher rührt, dass die relative Änderung des Betrages der Geschwindigkeit (62) im Verlauf eines KT-Experiments sehr viel kleiner ist als die relative Änderung ihrer Richtung (etwa durch den Cosinus des Winkels gemessen) im Verlauf eines MM-Experiments.

Nun haben die technologischen Fortschritte auf dem Gebiet der Material- und Laserphysik in letzter Zeit eine Welle neuer MM-, KT- und IS-Experimente mit bisher ungekannter Präzision ermöglicht. Die besten Daten für MM und KT sind zur Zeit (August 2003) wie folgt (MM siehe H. Müller et al. 2003, KT siehe P. Wolf et al. 2003):

$$\text{MM:}\quad \frac{\Delta c}{c_0} < 4{,}3 \cdot 10^{-15} \;\rightarrow\; |B| < 3{,}7 \cdot 10^{-9}\,, \qquad (73)$$

$$\text{KT:}\quad \frac{\Delta c}{c_0} < 1{,}6 \cdot 10^{-12} \;\rightarrow\; |A| < 10^{-6}\,. \qquad (74)$$

wobei Δc jeweils die sich aus der Messung (von Frequenzen) ergebende Variation der Lichtgeschwindigkeit ist und sich daraus nach (72) die oberen Schranken für die Beträge von A und B mit der Annahme $v = 380\,km/s$ ergeben. Zu den Experimenten sei hier nur so viel gesagt, dass die Interferometerarme der alten MM- und KT-Experimente durch kristalline optische Resonatoren ersetzt werden, die während der gesamten Laufzeit auf der Temperatur flüssigen Heliums (−269 Grad Celsius) gehalten werden. Mit Hilfe von ausgeklügelten Techniken zur Stabilisierung der Resonatorfrequenzen erreicht man dann eine sehr hohe Langzeitstabilität der physikalischen Bedingungen. Diese sind so hoch, dass es z.B. im MM-Experiment günstiger ist, die Drehung der Resonatoren nicht mehr »von Hand« auszuführen, was immer mechanische Störungen auslöst, sondern lieber ein paar Stunden wartet, bis diese durch die Erddrehung vollzogen ist. Mehr Informationen zu diesen Experimenten findet man auf den zitierten Internetseiten.

Im Falle der IS-Experimente parametrisiert man gemäß der gängigen Testtheorien eine mögliche Abweichung von Formel (68), indem man den Zeitdilatationsfaktor γ ersetzt durch

$$\gamma \; \rightarrow \; \gamma(1 + \alpha(\beta^2 + 2\vec{\beta}_0 \cdot \vec{\beta})) \, . \tag{75}$$

Hier ist $\vec{\beta} = \vec{v}/c$, wobei $\vec{v}$ die Geschwindigkeit der bewegten Uhr gegenüber dem Beobachter ist und $\vec{\beta}_0 = \vec{v}_0/c$ mit $\vec{v}_0$ die Geschwindigkeit des Beobachters gegenüber dem Äthersystem. Die besten Ergebnisse sind zurzeit (Saathoff et al. 2003)

$$|\alpha| < 2{,}2 \cdot 10^{-7} \, . \tag{76}$$

Eine sehr gut erklärte Darstellung dieses Experiments findet man ebenfalls auf den zitierten Internetseiten.

Synchronisation durch Transport von Uhren

Im Abschnitt 3.1 haben wir ein konzeptuell sehr einfaches Verfahren zur Synchronisation von Uhren erwähnt, was einfach darin besteht, eine Transportuhr U_T langsam durch ein Inertialsystem zu bewegen und an jedem Raumpunkt die dort befindliche Uhr mit U_T zu synchronisieren. Wie immer ist dabei natürlich vorausgesetzt, dass alle Uhren von identischer Bauart sind. In diesem Abschnitt wollen wir zeigen, dass die Einstein'sche Vorschrift zur Synchronisation von Uhren mit diesem Verfahren in einer dem Relativitätsprinzip genügenden Weise übereinstimmt.

Wir betrachten also eine Uhr U_T, die zunächst in einem Inertialsystem K' ruht, dessen Uhren alle nach der Einstein'schen Vorschrift synchronisiert seien. Jetzt setzen wir die Uhr U_T vorsichtig in Bewegung, sodass sie sich mit der konstanten Geschwindigkeit u' (gemessen in K') in Richtung der positiven x'-Achse bewegt. Wir richten es so ein, dass U_T bei $x'=0$ die Zeigerstellung Null besitzt. Wegen der Zeitdilatation ist die von U_T angezeigte Zeit gegenüber der t'-Zeit um den Faktor $1/\gamma(u')$ verlangsamt. (Da γ durch (2.14) als Funktion einer Geschwindigkeit definiert ist, schreiben wir hier und im Folgenden diese Geschwindigkeit als Argument mit auf, um die zu verschiedenen Geschwindigkeiten gehörenden γ-Faktoren unterscheiden zu können.) Für die Wegstrecke von $x'=0$ nach $x'=l'$ benötigt U_T die t'-Zeit l'/u', geht also bereits bei $x'=l'$ bezüglich der t'-Zeit um folgenden Betrag nach:

$$\frac{l'}{u'} \cdot (1 - 1/\gamma(u')) \approx \frac{u'l'}{c^2}, \qquad (77)$$

wobei die Gleichheit $\approx$ unter Weglassung von Termen mit höheren Potenzen in u' (lineare Approximation) gilt. Die Diskrepanz zwischen der t'-Zeit und der von U_T angezeigten Zeit kann also durch Wahl einer hinreichend kleinen Transportgeschwindigkeit u' beliebig verkleinert werden. Man sagt, dass im Grenzfall »unendlich kleiner« Transportgeschwindigkeit U_T genau die t'-Zeit des Systems K' anzeigt. Es gilt nun nachzuweisen, dass die zuletzt gemachte Aussage von jedem Inertialbeobachter geteilt wird, d. h. dass sie dem Relativitätsprinzip genügt. Dazu muss man zeigen, dass auch von jedem anderen Inertialsystem K aus beurteilt, U_T stets die per Lorentz-Transformation aus der t-Zeit errechnete t'-Zeit im Grenzfall unendlich langsamer Transportgeschwindigkeit anzeigt. Sei also K ein Inertialsystem, in dem ebenfalls alle Uhren nach der Einstein'schen Vorschrift synchronisiert seien und dem gegenüber K' sich mit der Geschwindigkeit v in x-Richtung bewegt. Gegenüber K hat U_T die sich aus dem Additionsgesetz (28) ergebende Geschwindigkeit

$$u = \frac{u' + v}{1 + \dfrac{u'v}{c^2}} \approx v + u'\gamma^{-2}(v) \;, \tag{78}$$

wobei $\approx$ wieder die lineare Näherung in u' andeutet. Von K aus beurteilt befindet sich also die Uhr U_T zur Zeit t am Ort $x = ut$. Die dort von ihr angezeigte Zeit ist wegen der Zeitdilatation das $1/\gamma(u)$-fache der t-Zeit. Auf der anderen Seite kann K aber die am momentanen Ort der Uhr U_T herrschende t'-Zeit nach der Lorentz-Transformation (25) wie folgt berechnen:

$$t' = \gamma(v)(t - \frac{v}{c^2}ut) = t\gamma(v)(1 - \frac{vu}{c^2}) \;. \tag{79}$$

Damit dies in linearer Approximation in u' gleich ist der von U_T angezeigten Zeit, muss in dieser Näherung also gelten, dass

$$\gamma^{-1}(u) = \gamma(v)(1 - \frac{vu}{c^2}) \;. \tag{80}$$

Dies ist nun in der Tat der Fall, wie man durch Einsetzen des Ausdrucks (78) für u und Entwickeln der linken Seite in u' bis zur linearen Ordnung zeigt.

Alle Inertialbeobachter stimmen also darin überein, dass die zwei Synchronisationsvorschriften zum gleichen Zeitbegriff in K' führen. Diese Aussage ist keineswegs selbstverständlich und an spezifische Eigenschaften der Lorentz-Transformationen gebunden. Tatsächlich kann man zeigen, dass die notwendige und hinreichende Eigenschaft in der Übereinstimmung des Faktors der Zeitdilatation(als Funktion der Geschwindigkeit) mit dem durch die SRT gelieferten Wert besteht (Mansouri und Sexl, 1977).

GLOSSAR

Aberration – Richtungsänderung von Lichtstrahlen durch Bewegung relativ zur Lichtquelle. *s. S. 21ff., 34, 62ff., 75*

Äther – Hypothetisches Medium, das Träger von Licht und allgemein allen elektromagnetischen Feldern sein sollte. Die misslungenen Versuche, eine Bewegung relativ zum Äther physikalisch zu konstatieren, waren zusammen mit der Forderung der Gültigkeit des Relativitätsprinzips über die Mechanik hinaus auslösendes Moment für die SRT. Die SRT macht die Ätherhypothese für die Erklärung der Phänomene unnötig. *s. S. 7ff., 19ff., 24ff., 42, 59, 65, 103, 112, 115*

Bogenminute, Bogensekunde und Bogenmaß – Der 360ste Teil eines Vollkreises entspricht einem (Winkel-)Grad. Den 60sten Teil eines Grades bezeichnet man als Bogenminute und den 60sten Teil einer Bogenminute als Bogensekunde. Das $2\pi/360$-Fache eines in Winkelgrad gemessenen Winkels ist sein Bogenmaß. *s. S. 22*

Dispersion – Abhängigkeit des Brechungsindex' eines Mediums von der Frequenz der elektromagnetischen Welle. *s. S. 27, 109f.*

Ekliptik – Ebene, in der die Bewegung der Erde um die Sonne verläuft. *s. S. 22, 144*

Ereignis – Physikalisch in Raum und Zeit lokalisierter Vorgang. Im idealisierten Fall unendlich genauer Lokalisation durch einen Punkt in der Raum-Zeit repräsentiert. *s. S. 5, 14ff., 42ff., 48, 55, 59ff.*

Feld – Zuordnung einer Größe zu jedem Raum-Zeit-Punkt. Diese Größe kann eine Zahlenangabe (mit physikalischer Dimension) sein, wie beim Temperaturfeld, oder ein Vektor, wie bei Kraftfeldern, oder mehrere Vektoren, wie beim elektromagnetischen Feld. Eine Theorie, in der die physikalischen Größen Felder sind, heißt Feldtheorie. Die Maxwell'sche Elektrodynamik ist z.B. eine Feldtheorie. *s. S. 8ff., 19ff., 36, 40, 78, 80ff., 90ff.*

Galilei-Transformationen − Raum-zeitliche Transformationen, die das Relativitätsprinzip in der Newton'schen Mechanik mathematisch implementieren. Die Zeit bleibt dabei absolut (invariant). *s. S. 14, 17f., 51, 79*

Gleichzeitig − Muss bei räumlich getrennten Ereignissen erst durch eine Synchronisationsvorschrift räumlich verteilter Uhren definiert werden. Das Wort von der »Relativität der Gleichzeitigkeit« bezeichnet gerade diese Abhängigkeit von einer Synchronisationsvorschrift. *s. S. 4f., 18, 32, 42ff., 54f., 65f., 99f., 102*

Inertialsystem − Ursprünglich räumliches Bezugssystem, relativ zu dem sich kräftefreie Massenpunkte geradlinig bewegen. Wird aber auch auf raum-zeitliche Bezugssysteme angewandt, wobei dann zusätzlich die Zeitskala eine Inertialzeitskala sein muss. Die Weltlinien kräftefreier Massenpunkte sind dann Geraden. *s. S. 13ff., 18f., 43, 46f., 57, 59, 62f., 66, 69f., 74ff., 96, 100, 120f.*

Inertialzeitskala − Zeitmaß, bezüglich dem sich kräftefreie Massenpunkte gleichförmig bewegen. *s. S. 13*

Interferenz − Phänomen der lokalen gegenseitigen Auslöschung und Verstärkung von Amplituden bei wellenartigen Ausbreitungsphänomenen, etwa bei Schall oder Licht. *s. S. 25f., 30, 32ff.*

Lorentzinvarianz − Invariant unter Lorentz-Transformationen. Eine Gleichung (z.B. dynamisches Gesetz, Differenzialgleichung) heißt

Lorentz-invariant, wenn die Lorentz-Transformationen Lösungen in Lösungen abbilden. *s. S. 61, 79 f.*

Lorentz-Transformationen – Raum-zeitliche Transformationen, die das Relativitätsprinzip in der Einstein'schen Mechanik, Maxwell'-schen Elektrodynamik und den anderen Theorien von Wechselwir-kungen mit Ausnahme der Gravitation implementieren. *s. S. 47 ff., 57, 62, 79 f., 101, 121 f.*

Physikalische Dimension – Die physikalische Maßeinheit einer Größe; etwa Meter, Sekunde, Kilogramm, oder solche algebraischen Kombinationen davon, die durch Multiplikation und Division erhal-ten werden. *s. S. 47*

Relativistische Quantenmechanik und Quantenfeldtheorie – Lorentz-invariante Quantenmechanik bzw. Quantentheorie von Feldern. *s. S. 78, 90*

Relativitätsprinzip – Fordert, dass die dynamischen Gesetze in allen raum-zeitlichen Inertialsystemen in der gleichen Form gültig sind. Dynamisch ist daher kein Inertialsystem in der Menge aller Inertial-systeme ausgezeichnet. *s. S. 10 ff., 42, 46, 49 f., 54, 79 f., 121*

Testtheorie – Eine allgemeine Klasse von Theorien, die sich für spe-zielle Wahlen von in ihr enthaltenen Parametern bzw. Funktionen auf die zu testende Theorie (hier SRT) reduziert. Testtheorien werden verwendet, um sinnvolle Aussagen über den experimentellen Status einer Theorie zu machen. *s. S. 118, 120*

Weltlinie – Stellt den Bewegungsvorgang eines Punktes im Raum-Zeit-Diagramm dar. *s. S. 15 f., 18, 47 ff., 56, 60, 100*

SYMBOLE, EINHEITEN, KONSTANTEN

Wir benutzen das SI-Einheitensystem, das auf der Längeneinheit Meter (m), der Zeiteinheit Sekunde (s) und der Masseneinheit (kg) basiert.

β	Geschwindigkeitsparameter	$\beta = v/c$
γ	Dilatationsfaktor (γ-Faktor)	$\gamma = \gamma(v) = 1 / \sqrt{1 - v^2/c^2}$
km	Kilometer (Länge)	$1\,km = 10^3\,m$
AE	Astronomische Einheit (Länge)	$1\,AE = 149\,587\,870\,km$
Lj	Lichtjahre (Länge)	$1\,Lj = 9{,}454 \cdot 10^{12}\,km$
Å	Ångström	$1\,Å = 10^{-10}\,m$
J	Joule (Energie)	$1\,J = kg \cdot m^2 \cdot s^{-2}$
eV	Elektronenvolt (Energie)	$1\,eV = 1{,}60210 \cdot 10^{-19}\,J$
MeV	Megaelektronenvolt (Energie)	$1\,MeV = 10^6\,eV$
GeV	Gigaelektronenvolt (Energie)	$1\,GeV = 10^9\,eV$
c	Lichtgeschwindigkeit im Vakuum	$c = 299\,792{,}458\,m \cdot s^{-1}$
h, $\hbar$	Planck'sche Konstante	$h = 2\pi \cdot \hbar = 6{,}626 \cdot 10^{-34}\,J \cdot s$
α	Feinstrukturkonstante	$\alpha = 1/137{,}035$

Literaturhinweise

BIOGRAPHIEN ÜBER EINSTEIN

Albrecht Fölsing: Albert Einstein. Frankfurt am
Main 1999.

Abraham Pais: »Raffiniert ist der Herrgott...«;
Albert Einstein – eine wissenschaftliche Bio-
graphie. Spektrum Verlag 2000.

SCHRIFTENSAMMLUNGEN EINSTEINS

The Collected Papers of Albert Einstein. Princeton.
[Bisher erschienen: Band 1–8, bis zum Jahr 1921
einschließlich]

John Stachel: Einsteins Annus mirabilis – Fünf
Schriften, die die Welt der Physik revolutionier-
ten. Reinbek 2001. [Enthält die fünf Originalar-
beiten des Jahres 1905, davon zwei zur SRT]

EINSTEINS ARBEITEN ZUR SRT

Zur Elektrodynamik bewegter Körper. Collected
Papers, Vol. 2 Doc. 23 und Stachel (2001).

Ist die Trägheit eines Körpers von seinem Ener-
gieinhalt abhängig? Collected Papers, Vol. 2
Doc. 24 und Stachel (2001).

Das Prinzip von der Erhaltung der Schwerpunkts-
bewegung und die Trägheit der Energie.
Collected Papers, Vol. 2, Doc. 35.

Über das Relativitätsprinzip und die aus demselben gezogenen Folgerungen. Collected Papers,
Vol. 2 Doc. 47.

Über die Möglichkeit einer neuen Prüfung des
Relativitätsprinzips. Collected Papers, Vol. 2,
Doc. 41. [Vorschlag, den transversalen Doppler-
effekt an Kanalstrahlen zu messen, wie 1938
durch Ives und Stilwell geschehen]

Über die vom Relativitätsprinzip geforderte Trägheit der Energie. Collected Papers, Vol. 2,
Doc. 45.

Manuskript zur SRT aus den Jahren 1912–14. Collected Papers, Vol. 4 Doc. 1; zu Lebzeiten unver-
öffentlicht.

EINFÜHRUNGEN IN DIE SRT

Albert Einstein: Über die spezielle und allgemeine
Relativitätstheorie. Berlin 2002.

Max Born: Die Relativitätstheorie Einsteins.
Herausgegeben, kommentiert und erweitert
von Jürgen Ehlers und Markus Pössel.
Berlin 2003.

Roman Sexl und Herbert Schmidt: Raum-Zeit-
Relativität. Relativistische Phänomene in Theorie und Beispiel. Berlin 2000.

Nicholas Woodhouse: Special Relativity.
London 2003.

MATHEMATISCH ANSPRUCHSVOLLERE
DARSTELLUNGEN:

Wolfgang Rindler: Introduction to Special Relativity. Oxford 1998.

Roman Sexl und Helmuth Urbantke: Relativity,
Groups, Particles. Wien 2001.

Domenico Giulini: Advanced Special Relativity.
Oxford, erscheint 2005.

DIE KLASSISCHEN TESTS
UND IHRE MODERNEN PENDANTS

Abraham Michelson und Edward Morley: On the
Relative Motion of the Earth and the Luminife-
rous Ether. American Journal of Science (3rd
series) (1887) 333–345.

R. S. Shankland, S. W. McCuskey, F. C. Leone und
G. Kuerti: New Analysis of the Interferometer
Observations of Dayton C. Miller. Review of
Modern Physics 27 (1955) 167–178. [Zusammen-
stellung aller Ergebnisse der bis dato ausge-
führten Michelson-Morley-Experimente]

Roy Kennedy und Edward Thorndike: Experimental Establishment of the Relativity of Time. Physical Review (1932) 400–418.

Herbert Ives und G. R. Stilwell: An Experimental
Study of the Rate of a Moving Atomic Clock.
Journal of the Optical Society of America
(1938) 215–226.

Literaturhinweise

Willem de Sitter: *Ein astronomischer Beweis für die Konstanz der Lichtgeschwindigkeit*. Physikalische Zeitschrift (1913) 429.

Willem de Sitter: *Über die Genauigkeit, innerhalb welcher die Unabhängigkeit der Lichtgeschwindigkeit von der Bewegung der Quelle behauptet werden kann*. Physikalische Zeitschrift (1913) 1267.

Kenneth Brecher: *Is the Speed of Light Independent of the Velocity of the Source*, Physical Review Letters (1977) 1051-1054.

Claus Braxmaier et al.: *Tests of Relativity using a Cryogenic Optical Resonator*, Physical Review Letters (2002) 010401.

Holger Müller et al.: *Modern Michelson-Morley-Experiment using Cryogenic Optical Resonators*. arXiv:physics/0305117. [z. Zt. genauestes Michelson-Morley-Experiment]

Peter Wolf et al.: *Test of Lorentz-Invariance using a Microwave Resonator*. Physical Review Letters (2003) 060402. [z.Zt. genauestes Kennedy-Thorndike-Experiment]

Guido Saathoff et al.: *Improved Test of Time Dilation in Special Relativity*. Physical Review Letters 91 (2003) 190403. [z. Zt. genauestes Ives-Stilwell-Experiment]

ZU TEILASPEKTEN

John Bahcall: *How the Sun Shines*. arXiv:astro-ph/0009259.

Harvey R. Brown: *The Origins of Length Contraction: The FitzGerald-LorentzDeformation Hypothesis*. American Journal of Physics. (2001) 1044-1054.

Albert Einstein und Leopold Infeld: *Die Evolution der Physik*. Reinbek 1995

Peter Galison: *Einsteins Uhren, Poincarés Karten*. Frankfurt am Main, 2003.

Domenico Giulini: *Das Problem der Trägheit*. Philosophia Naturalis (2002) 342–374.

Domenico Giulini: *Uniqueness of Simultaneity*. British Journal for the Philosophy of Science 52 (2001) 651–670.

Domenico Giulini und Norbert Straumann: *Das Rätsel der kosmischen Vakuumenergiedichte und die beschleunigte Expansion des Universums*. Physikalische Blätter. Blätter Nr. 12 (2000) 37–42.

Heinrich Hertz: *Die Constitution der Materie*, herausgegeben von Albrecht Fölsing. Berlin 1999.

Claus Kiefer: *Quantenmechanik*. Frankfurt am Main 2003

Claus Kiefer: *Gravitation*. Frankfurt am Main 2003

Anton Lampa: *Wie erscheint nach der Relativitätstheorie ein bewegter Stab einem ruhenden Beobachter?* Zeitschrift für Physik (1924) 138–148

Reza Mansouri und Roman Sexl: *A Test Theory of Special Relativity: I. Simultaneity and Clock Synchronisation*. General Relativity and Gravitation (1977) 497–513.

Robert Shankland: *Conversations with Albert Einstein*. American Journal of Physics (1963) 47–57.

Robert Shankland: *Michelson-Morley Experiment*. American Journal of Physics (1964) 16–35.

Abbildungsnachweise: Abb. 19 nach: D. Halliday, R. Resnick und J. Walker: *Physik*, Wiley-VCH, Weinheim, 2003. Dort Abb. 43–6 p.1263. Abb. 20 entnommen der Internetseite www.cerncourier.com/main/article/43/6/14/1/cernbub3_7-03. Abb. 21 nach: N. Ashby: *Relativity in the Global Positioning System*, Living Reviews lrr-2003-1. Dort Figure 2. Online erhältlich über relativity.livingreviews.org/Articles/lrr-2003-1. Abb. 25 nach: W. Panofsky und M. Phillips: *Classical Electricity and Magnetism*, second edition, Addison-Wesley, Reading Mass. (USA), 1962. Dort Fig. 22–4 p.414.